週期結構中光波的數值計算

袁利軍 著

前 言

人造週期電介質光學結構具有控製光波傳播的能力，是近年來研究的一個重要內容。週期光學結構被稱為光子晶體。光子晶體最重要的一個性質是存在「光子帶隙」，即頻率在某個特定區間的光波不能在週期結構中傳播。光子晶體的「光子帶隙」與半導體中「電子帶隙」類似，所以光子晶體為光子計算機的研發提供了最基本的理論。此外，基於光子晶體的「光子帶隙」，可以設計出很多重要的光學元器件，例如：光子晶體光纖、低閥值激光器、無損耗彎曲光路和反射鏡、低功率非線性開關以及頻率濾波器等。光子晶體如此重要，甚至有人認為它帶來的技術變革和影響可以與當年的半導體相提並論。

三維光子晶體可以同時在三個方向上控製光波的傳播。但是，微米級的三維光子晶體的制備非常困難。在實際應用中，人們更加關注光子晶體平板結構的研究。光子晶體平板是一種在垂直方向上厚度有限，在另外兩個方向上週期的結構。光子晶體平板也可以同時在三個方向上控製光波的傳播：在垂直方向上，通過全反射控製；在兩個週期方向上，通過「光子帶隙」控製。雖然光子晶體平板控製光波的能力不如三維光子晶體，但是它非常容易制備，是構成集成光路的基本元件。

數值模擬光波在介質中的傳播是一個非常熱門的研究方向。有很多學者做出了傑出的貢獻。研究方法主要包括頻率域中的有限元法、有限差分法、模式展開法等，以及時域中的時域差分法等。計算數學領域的研究者比較傾向於傳統的有限元法等方法，而光學領域的研究者更加喜歡用簡單的時域差分法，主要原因是有限元法對光學領域的研究者來說太複雜了。目前這些方法在模擬週期結構時都存在一些困難，特別是在處理週期邊界條件時具有很大困難，而且總的計算量太大，精度不高。

對於週期結構，利用週期性可以開發快速算法。我自進入碩士研究生階段，一直致力於開發各種週期光學結構的快速算法。本書集合了我在博士期間對光子晶體平板波導引導模式的計算問題、有限光子晶體平板的散射問題和交叉光柵散射問題所做的工作。本書通過構造電磁場在單位區域內的解析解，避免區域內部的離散，從而減少未知量的個數，而且精度非常高，編程也比較簡單。

要掌握本書中的知識，需要具備一些基本的計算數學、偏微分方程數值解和光學的知識。本書可作為廣大從事麥克斯韋方程組數值解的研究者和光學數值模擬的研究者的參考書籍，以及計算數學專業高年級本科學生和研究生的學習資料。

本書的研究成果主要在我的導師——香港城市大學陸雅言教授的指導下完成，在此表示衷心感謝。陸雅言教授不僅是我的授業恩師，也是人生道路上的導師。

本書能順利完成，特別要感謝我的妻子謝文豔女士。她無私的支持和愛是我完成本書的動力。還要感謝我的兒子帶來的無限歡樂。

由於作者水平有限，撰寫倉促，書中難免存在錯誤和不足之處，敬請讀者批評指正。

袁利軍

目 錄

1　麥克斯韋方程組

麥克斯韋方程組是電磁場理論的核心，描述了電場和磁場之間的相互轉化關係，以及電磁場與電荷、電流之間的關係。從麥克斯韋方程組出發可以推導出電磁波的存在，而光波就是特定頻率範圍內的電磁波，所以要研究光波在介質中的傳播就必須從麥克斯韋方程組出發。本章主要介紹麥克斯韋方程組的基本知識。第一節介紹了麥克斯韋方程組的基本方程，第二節介紹了電磁場在不同介質界面上的邊界條件，第三節和第四節分別介紹麥克斯韋方程組在均勻介質以及二維、一維結構中的簡化，第五節介紹均勻介質中麥克斯韋方程組的平面波解和柱面波解，第六節介紹了光波的能量。

1.1　基本方程

光波在介質中的傳播滿足麥克斯韋方程組。在非磁性介質中，時域麥克斯韋方程組的微分方程形式可寫為[1-3]

$$\nabla\times\tilde{\boldsymbol{E}}=-\mu_0\frac{\partial\tilde{\boldsymbol{H}}}{\partial t}\tag{1.1a}$$

$$\nabla\times\tilde{\boldsymbol{H}}=\frac{\partial\tilde{\boldsymbol{D}}}{\partial t}+\tilde{\boldsymbol{J}}_c \tag{1.1b}$$

$$\nabla\cdot\tilde{\boldsymbol{D}}=\tilde{\rho} \tag{1.1c}$$

$$\nabla\cdot\tilde{\boldsymbol{H}}=0 \tag{1.1d}$$

其中，矢量 $\tilde{\boldsymbol{E}}$ 是電場強度，單位為伏特每米（V/m）；矢量 $\tilde{\boldsymbol{D}}$ 為電位移矢量，單位為庫倫每平方米（C/m^2）；矢量 $\tilde{\boldsymbol{H}}$ 為磁場強度，單位為安培每米（A/m）。

$$\mu_0=4\pi\times10^{-7}(\mathrm{Ns^2/C^2})$$

μ_0 為真空磁導率；$\tilde{\boldsymbol{J}}_c$ 為傳導電流密度，單位為安培每平方米（A/m^2）；標量 $\tilde{\rho}$ 為自由電荷密度。由於電場強度 $\tilde{\boldsymbol{E}}$，磁場強度 $\tilde{\boldsymbol{H}}$ 和電位移矢量 $\tilde{\boldsymbol{D}}$ 都是三維向量，方程組（1.1）共含有 11 個未知量，但是只有 8 個方程，而且這 8 個方程並不是相互獨立的。例如方程式（1.1d）可由方程式（1.1a）求散度得到，所以只有 7 個方程是相互獨立的。要求解上述方程組還需要 4 個方程。

從電位移矢量 $\tilde{\boldsymbol{D}}$ 與電場強度 $\tilde{\boldsymbol{E}}$ 的物態關係可以得到另外 3 個條件。電位移矢量 $\tilde{\boldsymbol{D}}$ 可以分為電場強度 $\tilde{\boldsymbol{E}}$ 的非線性和線性部分，其方程分別為方程（1.2）、(1.3)：

$$\tilde{\boldsymbol{D}}=\tilde{\boldsymbol{D}}^{(1)}+\varepsilon_0\tilde{\boldsymbol{P}}^{(NL)} \tag{1.2}$$

$$\tilde{\boldsymbol{D}}^{(1)}=\varepsilon_0(1+\boldsymbol{\chi}^{(1)})\tilde{\boldsymbol{E}} \tag{1.3}$$

其中，$\boldsymbol{\chi}^{(1)}$ 為線性電極化率，其在各向異性介質中是一個張量，在各向同性介質中退化為一個標量。該標量為：

$$\varepsilon_0=8.854,19\times10^{-12}(\mathrm{C^2/Nm^2})$$

ε_0 為真空中的介電常數。非線性極化強度 $\tilde{\boldsymbol{P}}^{(NL)}$ 可展開成電場強度 $\tilde{\boldsymbol{E}}$ 的高次冪：

$$\tilde{\boldsymbol{P}}^{(NL)} = \boldsymbol{\chi}^{(2)} : \tilde{\boldsymbol{E}}\tilde{\boldsymbol{E}} + \boldsymbol{\chi}^{(3)} \vdots \tilde{\boldsymbol{E}}\tilde{\boldsymbol{E}}\tilde{\boldsymbol{E}} + \cdots$$

其中，$\boldsymbol{\chi}^{(2)}$ 為二階非線性電極化率，是一個三階張量；$\boldsymbol{\chi}^{(3)}$ 是三階非線性電極化率，是一個四階張量；符號「 : 」與「 ⋮ 」分別表示三階與四階張量的乘法運算。在線性介質中所有的非線性電極化率都為零，非線性極化強度也為零。

最后一個條件可由傳導電流密度 $\tilde{\boldsymbol{J}}_c$ 與電場強度 $\tilde{\boldsymbol{E}}$ 的物態關係給出：

$$\tilde{\boldsymbol{J}}_c = \sigma \tilde{\boldsymbol{E}} \tag{1.4}$$

其中，σ 為電導率，是常數且只與介質有關。對於絕緣體（即無耗散介質），有 $\sigma = 0$。對方程式（1.1b）求散度，可得傳導電流密度 $\tilde{\boldsymbol{J}}_c$ 與電荷密度 $\tilde{\rho}$ 滿足方程 $\nabla \cdot \tilde{\boldsymbol{J}}_c + \dfrac{\partial \tilde{\rho}}{\partial t} = 0$。

上述方程表示電荷是守恒的。完整的麥克斯韋方程組包含方程式（1.1）、式（1.2）和式（1.4），共有 11 個獨立的方程和未知量。在某些特殊的介質中，麥克斯韋方程組可以進行簡化。

在各向同性、非磁的線性介質中，非線性電極化率為零。這時方程式（1.1b）可簡化為

$$\nabla \times \tilde{\boldsymbol{H}} = \varepsilon_0 (1 + \boldsymbol{\chi}^{(1)}) \frac{\partial \tilde{\boldsymbol{E}}}{\partial t} + \sigma \tilde{\boldsymbol{E}} \tag{1.5}$$

方程式（1.1c）可由方程式（1.5）求散度得到。

通過傅里葉變換，時域麥克斯韋方程組可以轉化為頻率域麥克斯韋方程組。有時，在頻率域中求解麥克斯韋方程組相對簡單。假設單頻率

光波關於時間的依賴為 $e^{-i\omega t}$，則頻率域中的量與時域中的量的關係為

$$\tilde{\boldsymbol{E}} = \mathrm{Re}\{\boldsymbol{E}e^{-i\omega t}\}, \quad \tilde{\boldsymbol{H}} = \mathrm{Re}\{\boldsymbol{H}e^{-i\omega t}\} \tag{1.6}$$

$$\tilde{\boldsymbol{D}} = \mathrm{Re}\{\boldsymbol{D}e^{-i\omega t}\}, \quad \tilde{\rho} = \mathrm{Re}\{\rho e^{-i\omega t}\} \tag{1.7}$$

其中，$\omega = 2\pi f$是角頻率，f是頻率，單位為赫茲（Hz）。可見光的頻率在 10^{14} 赫茲左右，對應波長在 10^{-6} 米左右。將上述關係應用於方程式（1.1a）、式（1.5）、式（1.1c）與式（1.1d），從而得到頻率域中的線性麥克斯韋方程組為

$$\nabla\times \boldsymbol{E} = i\omega\mu_0\boldsymbol{H} \tag{1.8a}$$

$$\nabla\times \boldsymbol{H} = -i\omega\varepsilon_0\varepsilon_r\boldsymbol{E} \tag{1.8b}$$

$$\nabla\cdot \boldsymbol{D} = \rho \tag{1.8c}$$

$$\nabla\cdot \boldsymbol{H} = 0 \tag{1.8d}$$

其中，

$$\varepsilon_r = 1 + \boldsymbol{\chi}^{(1)} + i\frac{\sigma}{\omega\mu_0}$$

ε_r 為相對介電常數。

在無耗散介質中有 $\sigma = \rho = 0$，此時 ε_r 為實數，且

$$\boldsymbol{D} = \varepsilon_0\varepsilon_r\boldsymbol{E} \tag{1.9}$$

真空中 $\varepsilon_r = 1$。為方便起見，將磁場進行無量綱化處理，即在式（1.8）中用 $\sqrt{\mu_0/\varepsilon_0}\boldsymbol{H}$ 代替 $\boldsymbol{H}$，從而得到無量綱線性麥克斯韋方程組：

$$\nabla\times \boldsymbol{E} = ik_0\boldsymbol{H} \tag{1.10a}$$

$$\nabla\times \boldsymbol{H} = -ik_0\varepsilon_r\boldsymbol{E} \tag{1.10b}$$

$$\nabla\cdot (\varepsilon_r\boldsymbol{E}) = 0 \tag{1.10c}$$

$$\nabla \cdot \boldsymbol{H} = 0 \tag{1.10d}$$

其中，

$$k_0 = \frac{\omega}{c}$$

k_0 為真空中波數，c 為真空中光速，且

$$c = \frac{1}{\sqrt{\mu_0 \varepsilon_0}}$$

除特別指出外，本書后面部分所說的麥克斯韋方程組都是指方程組（1.10）。

三維空間中，電場強度 $\boldsymbol{E}$ 和磁場強度 $\boldsymbol{H}$ 都是含有三個分量的向量，即

$$\boldsymbol{E} = \begin{bmatrix} \boldsymbol{E}_x \\ \boldsymbol{E}_y \\ \boldsymbol{E}_z \end{bmatrix}, \quad \boldsymbol{H} = \begin{bmatrix} \boldsymbol{H}_x \\ \boldsymbol{H}_y \\ \boldsymbol{H}_z \end{bmatrix}$$

在各向同性、非磁的、絕緣介質中，這六個分量只有 2 個分量是獨立的。例如，電場強度的 x 與 y 分量是獨立的，因為電場強度的 z 分量可由式（1.10c）得到，磁場強度可由式（1.10a）得到。所以在方程組（1.10）包含的 8 個方程式中只有 2 個是相互獨立的。本書主要研究頻率域中的麥克斯韋方程組的數值解。

1.2 電磁場的邊界條件

實際應用時，需要考慮光波在不同介質中的傳播。在不同介質的交界面上，由於介質的突然變化，電場與磁場也會發生突變。所以需要知道界面兩側的電場與磁場有何關係。對於非磁性材料，磁場在界面上是連續的。電場分量中與界面相切的分量都是連續的，與界面垂直的分量是不連續的。但是，電位移矢量與界面垂直的分量是連續的。設界面為 Γ, $\boldsymbol{\nu}$ 是界面的單位法向量，則電場與磁場在界面上的邊界條件為：

$$\boldsymbol{\nu} \times (\tilde{\boldsymbol{E}}_1 - \tilde{\boldsymbol{E}}_2) = \vec{0}$$

$$\boldsymbol{\nu} \times (\tilde{\boldsymbol{H}}_1 - \tilde{\boldsymbol{H}}_2) = \vec{0}$$

$$\boldsymbol{\nu} \cdot (\tilde{\boldsymbol{D}}_1 - \tilde{\boldsymbol{D}}_2) = 0$$

$$\boldsymbol{\nu} \cdot (\tilde{\boldsymbol{H}}_1 - \tilde{\boldsymbol{H}}_2) = 0$$

其中，下標「1」和「2」分別表示各種場在界面兩邊的極限值，$\vec{0}$ 表示零向量。頻率域中，界面上的邊界條件為：

$$\boldsymbol{\nu} \times (\boldsymbol{E}_1 - \boldsymbol{E}_2) = \vec{0} \tag{1.11a}$$

$$\boldsymbol{\nu} \times (\boldsymbol{H}_1 - \boldsymbol{H}_2) = \vec{0} \tag{1.11b}$$

$$\boldsymbol{\nu} \cdot (\boldsymbol{D}_1 - \boldsymbol{D}_2) = 0 \tag{1.11c}$$

$$\boldsymbol{\nu} \cdot (\boldsymbol{H}_1 - \boldsymbol{H}_2) = 0 \tag{1.11d}$$

其中，ε_1 和 ε_2 分別表示界面兩邊介質的相對介電常數。

1.3 線性無耗散均勻介質中的麥克斯韋方程組

一般情況下，相對介電函數 ε_r 是空間變量的函數。但是在均勻介質中，ε_r 是一個常數。這時麥克斯韋方程組（1.10）可簡化為相互獨立的三維亥姆霍茲方程。對方程式（1.10a）的左右兩邊求旋度，得

$$\nabla \times (\nabla \times \boldsymbol{E}) = ik_0 \nabla \times \boldsymbol{H} \tag{1.12}$$

將方程式（1.10b）代入上式，有

$$\nabla \times (\nabla \times \boldsymbol{E}) = k_0^2 \varepsilon_r \boldsymbol{E} \tag{1.13}$$

另有，

$$\nabla \times (\nabla \times \boldsymbol{E}) = \nabla(\nabla \cdot \boldsymbol{E}) - \Delta \boldsymbol{E} \tag{1.14}$$

在線性無耗散均勻介質中，方程式（1.10c）隱含

$$\nabla \cdot \boldsymbol{E} = 0 \tag{1.15}$$

將方程式（1.14）和式（1.15）帶入式（1.13）中，得亥姆霍茲方程：

$$\Delta \boldsymbol{E} + k_0^2 \varepsilon_r \boldsymbol{E} = 0 \tag{1.16}$$

同理，磁場強度 $\boldsymbol{H}$ 也滿足亥姆霍茲方程：

$$\Delta \boldsymbol{H} + k_0^2 \varepsilon_r \boldsymbol{H} = 0 \tag{1.17}$$

均勻介質中的時域線性麥克斯韋方程組可以簡化為三維波動方程：

$$\frac{\varepsilon_r}{c^2} \frac{\partial^2 \tilde{\boldsymbol{E}}}{\partial t^2} = \Delta \tilde{\boldsymbol{E}} \tag{1.18}$$

磁場強度 $\tilde{\boldsymbol{H}}$ 滿足同樣的方程。

1.4 二維和一維結構中麥克斯韋方程組的簡化

1.4.1 二維結構

對於二維結構（即介質在一個方向上不發生變化），相對介電函數 ε_r 只是空間的二元函數，例如 $\varepsilon_r = \varepsilon_r(x, z)$，這時線性麥克斯韋方程組（1.10）可以分解成兩個相互獨立的方程組。由於相對介電函數 $\varepsilon_r = \varepsilon_r(x, z)$ 與變量 y 無關，我們只考慮與變量 y 無關的電場和磁場，即假設 $\frac{\partial \boldsymbol{E}}{\partial y} = 0$，$\frac{\partial \boldsymbol{H}}{\partial y} = 0$。

將上述假設應用於麥克斯韋方程組（1.10），得

$$-\frac{\partial \boldsymbol{E}_y}{\partial z} = ik_0 \boldsymbol{H}_x \tag{1.19a}$$

$$\frac{\partial \boldsymbol{E}_x}{\partial z} - \frac{\partial \boldsymbol{E}_z}{\partial x} = ik_0 \boldsymbol{H}_y \tag{1.19b}$$

$$\frac{\partial \boldsymbol{E}_y}{\partial x} = ik_0 \boldsymbol{H}_z \tag{1.19c}$$

與

$$-\frac{\partial \boldsymbol{H}_y}{\partial z} = -ik_0 \varepsilon_r \boldsymbol{E}_x \tag{1.20a}$$

$$\frac{\partial \boldsymbol{H}_x}{\partial z} - \frac{\partial \boldsymbol{H}_z}{\partial x} = -ik_0 \varepsilon_r \boldsymbol{E}_y \tag{1.20b}$$

$$\frac{\partial \boldsymbol{H}_y}{\partial x} = -ik_0 \varepsilon_r \boldsymbol{E}_z \tag{1.20c}$$

注意到未知函數$\boldsymbol{E}_x$，$\boldsymbol{E}_z$，$\boldsymbol{H}_y$與$\boldsymbol{E}_y$，$\boldsymbol{H}_x$，$\boldsymbol{H}_z$是相互獨立的。也就是說方程組（1.19）與（1.20）可分解為兩個相互獨立的方程組［式（1.19a）、式（1.19c）、式（1.20b）與式（1.20a）、式（1.20c）、式（1.19b）］，然后分別求解。求解方程式（1.20a）、式（1.20c）與式（1.19b），可解得未知函數$\boldsymbol{E}_x$，$\boldsymbol{E}_z$，$\boldsymbol{H}_y$。這種波稱為橫磁波，因為傳播方向（傳播方向在xz平面上）上只有電場的縱向分量$\boldsymbol{E}_x$和$\boldsymbol{E}_z$，而沒有磁場的縱向分量$\boldsymbol{H}_x$和$\boldsymbol{H}_z$，這時電磁場可寫為

$$\boldsymbol{E} = \begin{bmatrix} \boldsymbol{E}_x \\ 0 \\ \boldsymbol{E}_z \end{bmatrix}, \quad \boldsymbol{H} = \begin{bmatrix} 0 \\ \boldsymbol{H}_y \\ 0 \end{bmatrix} \tag{1.21}$$

求解方程式（1.19a）、式（1.19c）與式（1.20b），可解得未知函數$\boldsymbol{E}_y$，$\boldsymbol{H}_x$，$\boldsymbol{H}_z$。這種波稱為橫電波，因為傳播方向上（傳播方向在xz平面上）只有磁場的縱向分量$\boldsymbol{H}_x$和$\boldsymbol{H}_z$，而沒有電場的縱向分量$\boldsymbol{E}_x$和$\boldsymbol{E}_z$。這時電磁場可寫成

$$\boldsymbol{E} = \begin{bmatrix} 0 \\ \boldsymbol{E}_y \\ 0 \end{bmatrix}, \quad \boldsymbol{H} = \begin{bmatrix} \boldsymbol{H}_x \\ 0 \\ \boldsymbol{H}_z \end{bmatrix} \tag{1.22}$$

橫電波和橫磁波也可以簡化為亥姆霍茲方程。對於橫磁波，將方程式（1.20a）與式（1.20c）代入方程式（1.19b），消去電場的x與z分量，得亥姆霍茲方程：

$$\frac{\partial}{\partial x}\left(\frac{1}{\varepsilon_r}\frac{\partial \boldsymbol{H}_y}{\partial x}\right) + \frac{\partial}{\partial z}\left(\frac{1}{\varepsilon_r}\frac{\partial \boldsymbol{H}_y}{\partial z}\right) + k_0^2\boldsymbol{H}_y = 0 \tag{1.23a}$$

對於橫電波，將方程式（1.19a）與式（1.19c）帶入方程式（1.20b），消去磁場的 x 與 z 分量，得

$$\frac{\partial^2 \boldsymbol{E}_y}{\partial x^2} + \frac{\partial^2 \boldsymbol{E}_y}{\partial z^2} + k_0^2\varepsilon_r\boldsymbol{E}_y = 0 \tag{1.23b}$$

同理，對於二維結構 $\varepsilon_r = \varepsilon_r(x, y)$，橫電波為

$$\boldsymbol{E} = \begin{bmatrix} 0 \\ 0 \\ \boldsymbol{E}_z(x, y) \end{bmatrix}, \quad \boldsymbol{E} = \begin{bmatrix} \boldsymbol{E}_x(x, y) \\ \boldsymbol{E}_y(x, y) \\ 0 \end{bmatrix} \tag{1.24}$$

其中，$\boldsymbol{E}_z$ 滿足亥姆霍茲方程：

$$\frac{\partial^2 \boldsymbol{E}_z}{\partial x^2} + \frac{\partial^2 \boldsymbol{E}_z}{\partial y^2} + k_0^2\varepsilon_r\boldsymbol{E}_z = 0 \tag{1.25}$$

橫磁波為

$$\boldsymbol{H} = \begin{bmatrix} \boldsymbol{H}_x(x, y) \\ \boldsymbol{H}_y(x, y) \\ 0 \end{bmatrix}, \quad \boldsymbol{H} = \begin{bmatrix} 0 \\ 0 \\ \boldsymbol{H}_z(x, y) \end{bmatrix} \tag{1.26}$$

其中，$\boldsymbol{H}_z$ 滿足亥姆霍茲方程：

$$\frac{\partial}{\partial x}\left(\frac{1}{\varepsilon_r}\frac{\partial \boldsymbol{H}_z}{\partial x}\right) + \frac{\partial}{\partial y}\left(\frac{1}{\varepsilon_r}\frac{\partial \boldsymbol{H}_z}{\partial y}\right) + k_0^2\boldsymbol{H}_z = 0 \tag{1.27}$$

對於二維結構 $\varepsilon_r = \varepsilon_r(y, z)$，電磁場的解也可以類似地分解為橫電波和橫磁波解。

1.4.2 一維結構

對於一維結構（即介質在兩個方向上不發生變化），相對介電函數 ε_r 只是空間的一元函數，例如 $\varepsilon_r = \varepsilon_r(x)$ 。如果考慮與變量 y 與 z 都無關的電磁場，即

$$\frac{\partial \boldsymbol{E}}{\partial y} = \frac{\partial \boldsymbol{E}}{\partial z} = \frac{\partial \boldsymbol{H}}{\partial y} = \frac{\partial \boldsymbol{H}}{\partial z} = 0$$

則麥克斯韋方程組可簡化為常微分方程。由方程式（1.10a）和式（1.10b）知，磁場和電場的 x 分量都為零，即

$$\boldsymbol{E}_x = \boldsymbol{H}_x = 0$$

且橫電波與橫磁波沒有區別。將方程式（1.24）代入式（1.10），得

$$-\frac{\mathrm{d}\boldsymbol{E}_z}{\mathrm{d}x} = ik_0\boldsymbol{H}_y \tag{1.28a}$$

$$\frac{\mathrm{d}\boldsymbol{E}_y}{\mathrm{d}x} = ik_0\boldsymbol{H}_z \tag{1.28b}$$

$$\frac{\mathrm{d}\boldsymbol{H}_z}{\mathrm{d}x} = ik_0\varepsilon_r\boldsymbol{E}_y \tag{1.29a}$$

$$\frac{\mathrm{d}\boldsymbol{H}_y}{\mathrm{d}x} = -ik_0\varepsilon_r\boldsymbol{E}_z \tag{1.29b}$$

將方程式（1.28a）代入方程式（1.29b），消去 $\boldsymbol{H}_y$ ，得

$$\frac{\mathrm{d}^2\boldsymbol{E}_z}{\mathrm{d}x^2} + k_0^2\varepsilon_r\boldsymbol{E}_z = 0$$

將方程式（1.29a）代入方程式（1.28b），消去 $\boldsymbol{E}_y$ ，得

$$\frac{\mathrm{d}}{\mathrm{d}x}\left(\frac{1}{\varepsilon_r}\frac{\mathrm{d}\boldsymbol{H}_z}{\mathrm{d}x}\right)+k_0^2\boldsymbol{H}_z=0$$

同理，可得 $\boldsymbol{E}_y$ 與 $\boldsymbol{H}_y$ 的方程。

1.5 線性均勻介質中的解

1.5.1 平面波解

線性均勻介質中，電場和磁場分別滿足亥姆霍茲方程式（1.16）和式（1.17）。此時亥姆霍茲方程的解可以解析寫出來。其中一種解就是平面波解，即電場可寫成

$$\boldsymbol{E}=\boldsymbol{E}_0e^{i\alpha x+i\beta y+i\gamma z} \tag{1.30}$$

式中，$\boldsymbol{E}_0$ 為常矢量，表示平面波的振幅。α，β，γ 分別為電場在 x，y，z 方向上的波數，且滿足 $\alpha^2+\beta^2+\gamma^2=k_0^2\varepsilon_r$。

$$\boldsymbol{k}=(\alpha,\ \beta,\ \gamma) \tag{1.31}$$

向量 $\boldsymbol{k}$ 稱為波矢量，是平面波式［式（1.30）］的方向向量。將方程式（1.30）代入式（1.10a），得到相應的磁場為

$$\boldsymbol{H}=\frac{1}{k_0}\boldsymbol{k}\times\boldsymbol{E}_0e^{i\alpha x+i\beta y+i\gamma z} \tag{1.32}$$

由方程式（1.10c）知，$\boldsymbol{E}_0$ 不是任意的，需要滿足條件：

$$\boldsymbol{k}\cdot\boldsymbol{E}_0=0 \tag{1.33}$$

從式（1.32）和式（1.33）知，平面波的電場強度 $\boldsymbol{E}$，磁場強度 $\boldsymbol{H}$ 與

波矢 $\boldsymbol{k}$ 三者之間相互垂直。

對於二維均勻介質，例如 xy 平面上的二維均勻介質，其二維橫磁波平面波解為

$$\boldsymbol{H}=\begin{bmatrix}0\\0\\\boldsymbol{H}_z\end{bmatrix}=\begin{bmatrix}0\\0\\h_z\end{bmatrix}e^{i\alpha x+i\beta y}$$

$$\boldsymbol{E}=\begin{bmatrix}\boldsymbol{E}_x\\\boldsymbol{E}_y\\0\end{bmatrix}=\frac{-1}{k_0\varepsilon_r}\begin{bmatrix}\beta h_z\\-\alpha h_z\\0\end{bmatrix}e^{i\alpha x+i\beta y}$$

二維橫電波平面波解為

$$\boldsymbol{E}=\begin{bmatrix}0\\0\\\boldsymbol{E}_z\end{bmatrix}=\begin{bmatrix}0\\0\\e_z\end{bmatrix}e^{i\alpha x+i\beta y}$$

$$\boldsymbol{H}=\begin{bmatrix}\boldsymbol{H}_x\\\boldsymbol{H}_y\\0\end{bmatrix}=\frac{1}{k_0}\begin{bmatrix}\beta e_z\\-\alpha e_z\\0\end{bmatrix}e^{i\alpha x+i\beta y}$$

其中，e_z 和 h_z 為常數。二維情況下的解，電場、磁場以及波矢三者之間的垂直關係自動滿足。

記 n 為介質的折射率，其定義為光波在真空中的速度與在介質中傳播的速度之比，即

$$n=\frac{\text{真空中光波的速度}}{\text{介質中光波的速度}}$$

折射率與相對介質常數的關係為

$$n = \sqrt{\varepsilon_r} \tag{1.34}$$

均勻介質中的光波的波長 λ 為

$$\lambda = \frac{2\pi}{k_0 n} \tag{1.35}$$

1.5.2 柱面波解

對於 xy 平面二維均勻介質，電場和磁場分別滿足亥姆霍茲方程式（1.25）和式（1.27）。由於是均勻介質，方程式（1.25）和式（1.27）一樣。其解不僅可寫成平面波，還可寫成柱面波。將直角坐標系方程式（1.25）和式（1.27）改寫成極坐標系方程。注意到，在極坐標（r，θ）下有

$$\frac{\partial^2}{\partial x^2} + \frac{\partial^2}{\partial y^2} = \frac{\partial^2}{\partial r^2} + \frac{1}{r}\frac{\partial}{\partial r} + \frac{1}{r^2}\frac{\partial^2}{\partial \theta^2} \tag{1.36}$$

從而，橫電波的控制方程式（1.25）在極坐標系下變成

$$\frac{\partial^2 \boldsymbol{E}_z}{\partial r^2} + \frac{1}{r}\frac{\partial \boldsymbol{E}_z}{\partial r} + \frac{1}{r^2}\frac{\partial^2 \boldsymbol{E}_z}{\partial \theta^2} + k_0^2 \varepsilon_r \boldsymbol{E}_z = 0 \tag{1.37}$$

令

$$\boldsymbol{E}_z = u(r)\, e^{im\theta} \tag{1.38}$$

其中，m 是任意整數。將上式代入式（1.37），得

$$\frac{\mathrm{d}^2 u}{\mathrm{d}r^2} + \frac{1}{r}\frac{\mathrm{d}u}{\mathrm{d}r} + \left(k^2 - \frac{m^2}{r^2}\right) u = 0 \tag{1.39}$$

構造一個新變量，令

$$s = k_0 nr \,, \qquad U(s) = u(r)$$

其中, $n = \sqrt{\varepsilon_r}$ 為介質的折射率。將上式代入式（1.39），得到函數 $U(s)$ 所滿足的方程：

$$\frac{\mathrm{d}^2 U}{\mathrm{d}s^2} + \frac{1}{s}\frac{\mathrm{d}U}{\mathrm{d}s} + \left(1 - \frac{m^2}{s^2}\right) U = 0 \tag{1.40}$$

方程式（1.40）是貝塞爾方程，其一般解可寫成

$$U(s) = c_1 J_m(s) + c_2 Y_m(s) \tag{1.41}$$

其中, c_1 與 c_2 為任意常數, J_m 與 Y_m 為 m 階第一類和第二類貝塞爾函數。當 $m = 0, 1, 2, 3, 4$ 時, J_m 與 Y_m 的圖形分別如圖 1.1 和圖 1.2 所示。所以在極坐標系下，亥姆霍茲方程式（1.25）的一般解為

$$\boldsymbol{E}_z(r, \theta) = [c_1 J_m(k_0 nr) + c_2 Y_m(k_0 nr)]\, e^{im\theta} \tag{1.42}$$

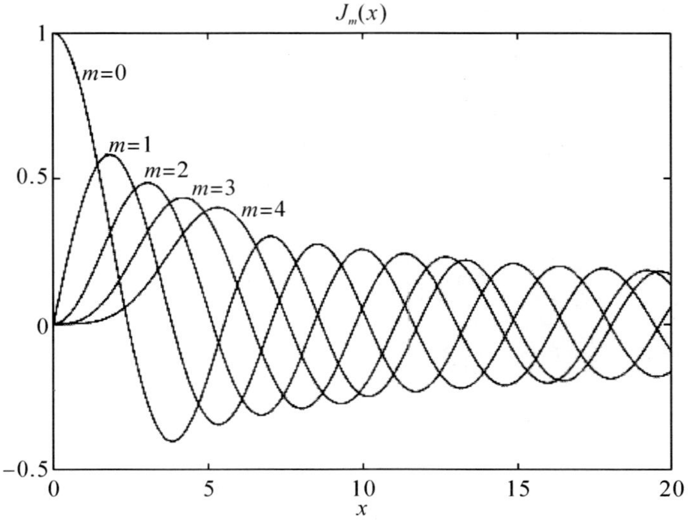

圖 1.1 第一類貝塞爾函數

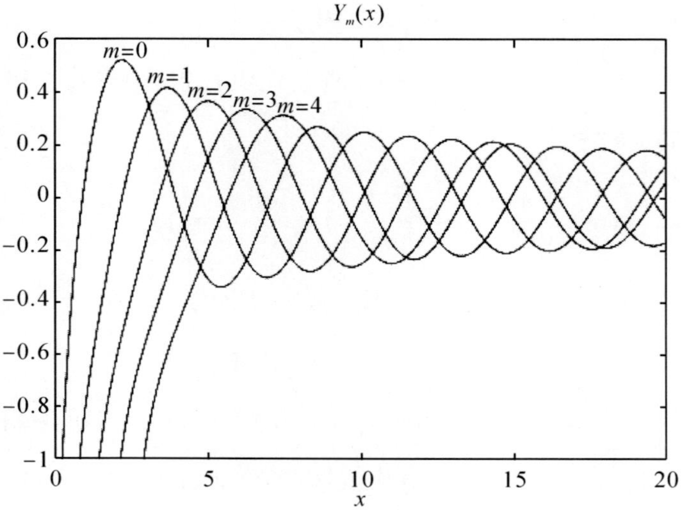

圖 1.2　第二類貝塞爾函數

當 s 非常大時，J_m 與 Y_m 的漸進表達式分別為

$$J_m(s) = \sqrt{\frac{2}{\pi s}}\cos\left(s - \frac{m\pi}{2} - \frac{\pi}{4}\right) + O\left(\frac{1}{s^{3/2}}\right) \tag{1.43a}$$

與

$$Y_m(s) = \sqrt{\frac{2}{\pi s}}\sin\left(s - \frac{m\pi}{2} - \frac{\pi}{4}\right) + O\left(\frac{1}{s^{3/2}}\right) \tag{1.43b}$$

所以，J_m 與 Y_m 是駐波。為了得到行波，在時間依賴為 $e^{-i\omega t}$ 時，令

$$H_m^{(1)}(s) = J_m(s) + iY_m(s) \tag{1.44a}$$

$$H_m^{(2)}(s) = J_m(s) - iY_m(s) \tag{1.44b}$$

函數 $H_m^{(1)}$ 與 $H_m^{(2)}$ 分別為 m 階第一類和第二類漢克爾函數。當 s 非常大時，$H_m^{(1)}$ 與 $H_m^{(2)}$ 的漸進表達式分別為

$$H_m^{(1)}(s) = \sqrt{\frac{2}{\pi s}}\exp\left[i\left(s - \frac{m\pi}{2} - \frac{\pi}{4}\right)\right] + O\left(\frac{1}{s^{3/2}}\right) \quad (1.45a)$$

與

$$H_m^{(2)}(s) = \sqrt{\frac{2}{\pi s}}\exp\left[-i\left(s - \frac{m\pi}{2} - \frac{\pi}{4}\right)\right] + O\left(\frac{1}{s^{3/2}}\right) \quad (1.45b)$$

所以，$H_m^{(1)}$ 與 $H_m^{(2)}$ 都是行波，其中 $H_m^{(1)}$ 為向外傳播（即沿極軸正向傳播），而 $H_m^{(2)}$ 為向內傳播（即沿極軸負向傳播）。

利用漢克爾函數 $H_m^{(1)}$ 與 $H_m^{(2)}$，貝塞爾方程式（1.40）的解又可寫成

$$U(s) = c_1 H_m^{(1)}(s) + c_2 H_m^{(2)}(s) \quad (1.46)$$

從而，亥姆霍茲方程式（1.25）的柱面波解又可寫成

$$\boldsymbol{E}_z(r,\ \theta) = [c_1 H_m^{(1)}(k_0 nr) + c_2 H_m^{(2)}(k_0 nr)]\, e^{im\theta} \quad (1.47)$$

磁場的 x 分量 $\boldsymbol{H}_x$ 和 y 分量 $\boldsymbol{H}_y$ 分別可由方程式（1.19a）和式（1.19b）求得。對於橫磁波，有類似的結果。

1.6 能量

電磁波是由電場與磁場在空間中相互轉換形成的，它們的相互轉換伴隨著能量的轉換。電磁波的能量由坡印廷矢量描述。坡印廷矢量定義為：

$$\tilde{\boldsymbol{S}} = \tilde{\boldsymbol{E}} \times \tilde{\boldsymbol{H}} \quad (1.48)$$

$\tilde{\boldsymbol{S}}$ 的單位為瓦特每平方米（W/m^2）。它表示在某個時間穿過單位面積的功率流密度的瞬時值。由上式知，坡印廷矢量 $\tilde{\boldsymbol{S}}$ 垂直於電場 $\tilde{\boldsymbol{E}}$ 和磁場 $\tilde{\boldsymbol{H}}$ 所構成的平面。由於電場 $\tilde{\boldsymbol{E}}$ 和磁場 $\tilde{\boldsymbol{H}}$ 是時間和空間的函數，坡印廷矢量 $\tilde{\boldsymbol{S}}$ 也是時間的函數。在一段時間 [0, T] 內，功率流穿過垂直單位面積的平均值的計算公式為：

$$\boldsymbol{S}_{av} = \frac{1}{T}\int_0^T \tilde{\boldsymbol{S}}\mathrm{d}t \tag{1.49}$$

其中，下標「 av 」表示時間的平均，$\boldsymbol{S}_{av}$ 稱為平均坡印廷矢量。

對於時間依賴為 $e^{-i\omega t}$ 的時諧波，由式（1.6）和式（1.48）知

$$\begin{aligned}\tilde{\boldsymbol{S}} &= \mathrm{Re}\{\boldsymbol{E}e^{-i\omega t}\} \times \mathrm{Re}\{\boldsymbol{H}e^{-i\omega t}\} \\ &= \frac{1}{4}\{\boldsymbol{E} \times \bar{\boldsymbol{H}} + \bar{\boldsymbol{E}} \times \boldsymbol{H} + \boldsymbol{E} \times \boldsymbol{H}e^{-2i\omega t} + \bar{\boldsymbol{E}} \times \bar{\boldsymbol{H}}e^{2i\omega t}\}\end{aligned} \tag{1.50}$$

對上式關於時間求積分，得平均坡印廷矢量為：

$$\boldsymbol{S}_{av} = \frac{1}{4}(\boldsymbol{E} \times \bar{\boldsymbol{H}} + \bar{\boldsymbol{E}} \times \boldsymbol{H}) = \frac{1}{2}\mathrm{Re}\{\boldsymbol{E} \times \bar{\boldsymbol{H}}\} \tag{1.51}$$

通過曲面 Σ 的總能量的計算公式為

$$\int_\Sigma \boldsymbol{S}_{av} \cdot \mathrm{d}s = \frac{1}{2}\mathrm{Re}\left\{\int_\Sigma \boldsymbol{E} \times \bar{\boldsymbol{H}} \cdot \mathrm{d}s\right\} \tag{1.52}$$

對於均勻介質中的平面波，將式（1.30）和式（1.32）代入式（1.50），得

$$\begin{aligned}\tilde{\boldsymbol{S}} = &\frac{1}{4k_0}(\boldsymbol{E}_0 \times k \times \bar{\boldsymbol{E}}_0 + \bar{\boldsymbol{E}}_0 \times \boldsymbol{k} \times \boldsymbol{E}_0) + \\ &\frac{1}{4k_0}[\boldsymbol{E}_0 \times \boldsymbol{k} \times \boldsymbol{E}_0 e^{2(i\alpha x+i\beta x+i\gamma z-i\omega t)} + \bar{\boldsymbol{E}}_0 \times \boldsymbol{k} \times \bar{\boldsymbol{E}}_0 e^{-2(i\alpha x+i\beta x+i\gamma z-i\omega t)}]\end{aligned} \tag{1.53}$$

注意波矢 $\boldsymbol{k}$ 是實向量。坡印廷矢量 $\tilde{\boldsymbol{S}}$ 由兩部分構成：第一部分與時間無關，稱為「直流分量」；第二部分與時間相關，稱為「交變分量」。上式反映了 $\tilde{\boldsymbol{S}}$ 隨時間變化的情況。對式（1.53）關於時間求積分，得到平均坡印廷矢量：

$$\boldsymbol{S}_{av} = \frac{1}{4k_0}(\boldsymbol{E}_0 \times \boldsymbol{k} \times \bar{\boldsymbol{E}}_0 + \bar{\boldsymbol{E}}_0 \times \boldsymbol{k} \times \boldsymbol{E}_0) = \frac{1}{2k_0}\mathrm{Re}\{\boldsymbol{E}_0 \times \boldsymbol{k} \times \bar{\boldsymbol{E}}_0\} \tag{1.54}$$

由向量的運算法則和式（1.33）可知

$$\boldsymbol{E}_0 \times \boldsymbol{k} \times \bar{\boldsymbol{E}}_0 = (\boldsymbol{E}_0 \cdot \bar{\boldsymbol{E}}_0)\,\boldsymbol{k} = \|\boldsymbol{E}_0\|^2\boldsymbol{k}$$

其中，$\|\boldsymbol{E}_0\|$ 表示向量 $\boldsymbol{E}_0$ 的模。將式（1.33）代入式（1.54）得

$$\boldsymbol{S}_{av} = \frac{\|\boldsymbol{E}_0\|^2\boldsymbol{k}}{2k_0} \tag{1.55}$$

式（1.55）表示平面波的能量流動方向與波的傳播方向一致，而且穿過垂直單位面積上的能量與平面波振幅的平方成正比。

1.7　本章小結

麥克斯韋方程組是一組描述光波在介質中傳播時的控製的方程。本章主要介紹它的基本知識，包括：基本方程，不同介質界面上的邊界條件，均勻介質、二維、一維結構中的簡化，均勻介質中麥克斯韋方程組的平面波解和柱面波解，以及光波的能量。本章介紹的麥克斯韋方程組知識是后續章節的基礎，特別是電磁場在不同介質界面上的連續性條

件、均勻介質中的兩類解是經常需要用到的知識。本書中的週期結構是指相對介電函數 $\varepsilon_r(x, y, z)$ 在一個或者兩個方向上是週期的。為簡化起見，后續章節中所指的麥克斯韋方程組都是指線性無量綱方程組(1.10)。

2　平板波導結構中的解

平板波導結構是集成光路的基礎。圖 2.1 所示的是一個簡單平板波導，它包含三層：中間為厚度有限的波導核，上下兩層為厚度無限的覆蓋層。通常，波導核由折射率較大的介質構成，覆蓋層由折射率較小的介質構成。根據全反射原理[4-5]，光波能完全聚集在波導核中傳播。與均勻介質類似，麥克斯韋方程組在平板波導結構中的解也可以分解為相互獨立的橫電波解和橫磁波解。這些橫電波解和橫磁波解由相應的垂直模式確定。由於平板波導是開波導，求解垂直模式需要求解無窮區域上的一維二階常微分方程的特徵值問題。數值求解時，必須將無窮區域用人工邊界條件截斷為有界區域。最有效的截斷無窮區域的方法是完美匹配層方法[6-9]。

本章主要討論麥克斯韋方程組在平板波導結構中的解的橫電波和橫磁波分解，以及垂直模式的計算。第一節討論，麥克斯韋方程組的解怎樣分解成兩個相互獨立的橫電波和橫磁波的線性組合。第二節主要介紹了垂直模式譜的分佈（即特徵值的分佈），以及引導垂直模式的正交關係。第三節介紹了將無窮區域截斷為有限區域的完美匹配層方法。第四節介紹了計算垂直模式的三點四階差分方法，以及數值算例。

2.1 麥克斯韋方程組在平板波導結構中的解

與均勻介質類似，麥克斯韋方程組在平板波導中的解也可以分解成橫電波和橫磁波，因此，麥克斯韋方程組的解可以表示成橫電波與橫磁波的線性疊加。平板波導結構包括波導核與覆蓋層。圖 2.1 所示的為一個簡單的平板波導。它由三層組成：中間一層深色部分就是波導核（即 $|z| < d/2$），通常其折射率比較大；上下兩層為覆蓋層（即 $|z| > d/2$），折射率一般比波導核小。上下兩個覆蓋層的介質可以一樣，也可以不一樣。圖 2.1 的兩個覆蓋層介質一樣。平板波導的折射率只在垂直方向（即 z 方向）上變化，而在橫平面（即 xy 平面）上不發生變化。所以圖 2.1 所示的平板波導的折射率函數為一元函數，即

$$n(x,\ y,\ z) = n(z) = \begin{cases} n_1, & |z| > \dfrac{d}{2} \\ n_2, & |z| < \dfrac{d}{2} \end{cases} \tag{2.1}$$

其中，n_1 和 n_2 分別為覆蓋層和波導核的折射率。這裡我們假設 $n_2 > n_1$。注意由式（1.34）知相對介電函數 ε_r 是折射率函數的平方。為了方便本書使用折射率的概念，有時會使用相對介電函數。由於波導核的折射率大於覆蓋層的折射率，平板波導通過全反射將光波聚集在波導核內進行傳輸。

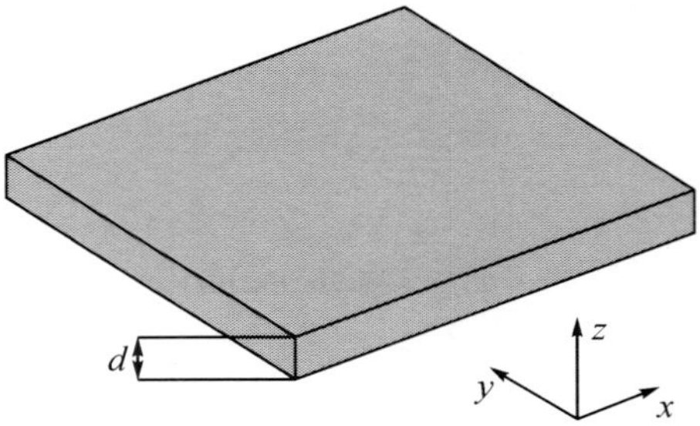

圖 2.1　平板波導示意圖

2.1.1　橫電波解

雖然平板波導是不均勻的，但是麥克斯韋方程組的解依然可以分解成橫電波和橫磁波解。由於平板波導的折射率與 x 和 y 無關，所以可以利用分離變量法來構造麥克斯韋方程組的解。假設電磁場在 xy 平面上類似於平面波，則麥克斯韋方程組的解可以寫成

$$\boldsymbol{E} = \begin{bmatrix} e_x(z) \\ e_y(z) \\ e_z(z) \end{bmatrix} e^{i\alpha x + i\beta y}, \quad \boldsymbol{H} = \begin{bmatrix} h_x(z) \\ h_y(z) \\ h_z(z) \end{bmatrix} e^{i\alpha x + i\beta y} \tag{2.2}$$

式中，α 與 β 為常數。由於電磁場的六個分量中只有兩個是獨立的，因此這裡假設電場和磁場的 z 分量是獨立的，即 $e_z(z)$ 與 $h_z(z)$ 是獨立的。

首先假設 $e_z(z) = 0$。將式（2.2）代入麥克斯韋方程組（1.10），得

$$-e_y' = ik_0 h_x \tag{2.3a}$$

$$e_x' = ik_0 h_y \tag{2.3b}$$

$$i\alpha e_y - i\beta e_x = ik_0 h_z \tag{2.3c}$$

與

$$i\beta h_z - h_y' = -ik_0 n^2 e_x \tag{2.4a}$$

$$h_x' - i\alpha h_z = -ik_0 n^2 e_y \tag{2.4b}$$

$$i\alpha h_y - i\beta h_x = 0 \tag{2.4c}$$

其中，符號「e_y'」是函數e_y關於變量z的導數，其他項類似。將α乘以式（2.4b）減去β乘以式（2.4a），再利用式（2.3c）得

$$(k_0^2 n^2 - \alpha^2 - \beta^2)\, h_z = i(\alpha h_x' + \beta h_y') \tag{2.5}$$

導數h_x'與h_y'可分別對式（2.3a）和式（2.3b）求導得到，即

$$h_x' = -\frac{1}{ik_0} e_y'' \tag{2.6}$$

$$h_y' = \frac{1}{ik_0} e_x'' \tag{2.7}$$

將式（2.6）與式（2.7）代入式（2.5），消去h_x'與h_y'，得

$$(k_0^2 n^2 - \alpha^2 - \beta^2)\, h_z = \frac{1}{k_0}(\beta e_x'' - \alpha e_y'') \tag{2.8}$$

為消去上式中的e_x''與e_y''兩項，對式（2.3c）的左右兩邊關於z求二階導數，得

$$\alpha e_y'' - \beta e_x'' = k_0 h_z''$$

將上式代入式（2.8），消去e_x''與e_y''兩項，得h_z所滿足的一維亥姆霍茲方程：

$$h_z'' + (k_0^2 n^2 - \alpha^2 - \beta^2)\, h_z = 0 \tag{2.9}$$

電場和磁場的其他分量都可以由h_z表示。將β乘以式（2.4b）加上α乘以式（2.4a），得

$$\beta h_x' - \alpha h_y' = - ik_0 n^2(\alpha e_x + \beta e_y) \tag{2.10}$$

對式（2.4c）左右兩邊關於 z 求導數，得

$$\alpha h_y' - \beta h_x' = 0$$

從而式（2.10）的左邊為零，即

$$\alpha e_x + \beta e_y = 0 \tag{2.11}$$

將式（2.11）代入式（2.3c），消去 e_y 或 e_x 后，分別得

$$e_x = - \frac{\beta k_0}{\alpha^2 + \beta^2} h_z(z) \ , \qquad e_y = \frac{\alpha k_0}{\alpha^2 + \beta^2} h_z(z) \tag{2.12}$$

磁場的 x 分量 h_x 和 y 分量 h_y 可分別通過將式（2.12）代入式（2.3a）和式（2.3b）得到，即

$$h_x = \frac{i\alpha}{\alpha^2 + \beta^2} h_z'(z) \ , \qquad h_x = \frac{i\beta}{\alpha^2 + \beta^2} h_z'(z) \tag{2.13}$$

如果令

$$\eta = \sqrt{\alpha^2 + \beta^2} \tag{2.14}$$

則上述結果可以總結為麥克斯韋方程組在平板波導結構中具有如下形式的解：

$$\boldsymbol{E} = \frac{k_0}{\eta^2} \begin{bmatrix} -\beta u(z) \\ \alpha u(z) \\ 0 \end{bmatrix} e^{i\alpha x + i\beta y}, \qquad \boldsymbol{H} = \begin{bmatrix} \dfrac{i\alpha}{\eta^2} u'(z) \\ \dfrac{i\beta}{\eta^2} u'(z) \\ u(z) \end{bmatrix} e^{i\alpha x + i\beta y} \tag{2.15}$$

其中，函數 $u(z)$ 滿足

$$u''(z) + k_0^2 n^2(z) u(z) = \eta^2 u(z) \tag{2.16}$$

對於給定的平板波導結構和頻率，真空中的波數 k_0 和介質的折射率就確定了。常數 η 是電磁波在 xy 平面上的波數（或稱為傳播常數）。常數 η^2 可以看作方程式（2.16）的特徵值，$u(z)$ 為特徵值函數。由於平板波導是開波導，變量 z 的取值範圍為 $(-\infty, \infty)$。

式（2.15）要成為麥克斯韋方程組（1.10）的解，除了要滿足方程式（1.10a）與式（1.10b）外，還必須滿足方程式（1.10c）和式（1.10d）。將式（2.15）代入式（1.10c），注意到折射率 $n(z)$ 與 x 和 y 無關且電場 z 分量為零，得

$$\nabla\cdot(n^2\boldsymbol{E}) = \frac{\partial}{\partial x}(n^2\boldsymbol{E}_x) + \frac{\partial}{\partial y}(n^2\boldsymbol{E}_y) + \frac{\partial}{\partial z}(n^2\boldsymbol{E}_z)$$

$$= \frac{k_0 n^2}{\eta^2}(-i\alpha\beta u + i\alpha\beta u)\, e^{i\alpha x + i\beta y} = 0$$

所以式（2.15）滿足式（1.10c）。將式（2.15）代入式（1.10d），再利用式（2.14）得

$$\nabla\cdot(\boldsymbol{H}) = \frac{\partial \boldsymbol{H}_x}{\partial x} + \frac{\partial \boldsymbol{H}_y}{\partial y} + \frac{\partial \boldsymbol{H}_z}{\partial z}$$

$$= \left(-\frac{\alpha^2}{\eta^2} - \frac{\beta^2}{\eta^2} + 1\right) u' e^{i\alpha x + i\beta y} = 0$$

所以式（2.15）也滿足式（1.10d）。因而式（2.15）是麥克斯韋方程組（1.10）的解。

麥克斯韋方程組的解［式（2.15）］是一個橫磁波解。做下列坐標變換：

$$\breve{x} = \frac{\alpha}{\eta}x + \frac{\beta}{\eta}y$$

$$\breve{y} = -\frac{\beta}{\eta}x + \frac{\alpha}{\eta}y$$

$$\breve{z} = z$$

新的坐標系 $\{\breve{x}, \breve{y}, \breve{z}\}$ 依然是直角坐標系。在新坐標系下，電場的 $\breve{x}$，$\breve{y}$，$\breve{z}$ 三個分量與原坐標系三個分量的關係為

$$\boldsymbol{E}_{\breve{x}} = \frac{\alpha}{\eta}\boldsymbol{E}_x + \frac{\beta}{\eta}\boldsymbol{E}_y$$

$$\boldsymbol{E}_{\breve{y}} = -\frac{\beta}{\eta}\boldsymbol{E}_x + \frac{\alpha}{\eta}\boldsymbol{E}_y$$

$$\boldsymbol{E}_{\breve{z}} = \boldsymbol{E}_z$$

磁場也有類似的關係。因而在新坐標系下，電磁場可寫成

$$\boldsymbol{E} = \frac{k_0}{\eta^2}\begin{bmatrix} 0 \\ u(\breve{z}) \\ 0 \end{bmatrix} e^{i\eta\breve{x}}, \quad \boldsymbol{H} = \begin{bmatrix} \frac{i}{\eta^2}u'(\breve{z}) \\ 0 \\ u(\breve{z}) \end{bmatrix} e^{i\eta\breve{x}} \tag{2.17}$$

電磁波［式（2.17）］沿著 $\breve{x}$ 軸傳播，在傳播方向上只有磁場的縱向分量 $\boldsymbol{H}_{\breve{x}}$，沒有電場的縱向分量 $\boldsymbol{E}_{\breve{x}}$，所以它是橫電波，即其解［式（2.15）］是橫電波。

2.1.2 橫磁波解

在式（2.2）中令 $h_z(z) = 0$，代入麥克斯韋方程組（1.10），然后進行相應的化簡，可以得到麥克斯韋方程組的另一組解：

$$\boldsymbol{E} = \frac{1}{n^2(z)}\begin{bmatrix} \frac{i\alpha}{\eta^2}w'(z) \\ \frac{i\beta}{\eta^2}w'(z) \\ w(z) \end{bmatrix} e^{i\alpha x + i\beta y}, \qquad \boldsymbol{H} = \frac{k_0}{\eta^2}\begin{bmatrix} \beta w(z) \\ -\alpha w(z) \\ 0 \end{bmatrix} e^{i\alpha x + i\beta y} \tag{2.18}$$

其中，η 滿足式（2.14），函數 $w(z)$ 滿足亥姆霍茲方程：

$$n^2(z)\frac{\mathrm{d}}{\mathrm{d}z}\left(\frac{1}{n^2(z)}\frac{\mathrm{d}w}{\mathrm{d}z}\right) + k_0^2 n^2(z)\, w = \eta^2 w \tag{2.19}$$

同理，可以證明解［式（2.18）］是橫磁波。

2.2 垂直模式

橫電波解［式（2.15）］和橫磁波解［式（2.18）］是線性無關的，所以麥克斯韋方程組的解可以寫成它們的線性組合。橫電波解［式（2.15）］和橫磁波解［式（2.18）］分別與一維亥姆霍茲方程式（2.16）和式（2.19）有關，因而在應用上述橫電波和橫磁波分解時，可以將一個三維微分方程組求解問題轉化為兩個相互獨立的一維亥姆霍茲方程的求解。方程式（2.16）和式（2.19）是二階常微分特徵值問題，它們的特徵解稱為垂直模式，其中方程式（2.16）的特徵解稱為橫電波垂直模式，方程式（2.19）的特徵解稱為橫磁波垂直模式。本節主要討論這兩類垂直模式的一些理論結果和性質。

垂直模式可分為引導模式、輻射模式和衰退模式。引導模式的能量聚集在波導核內或界面上且不會泄漏，所以它在無窮遠處的值為零。引導模式的波數 η 為實數。輻射模式的波數 η 雖然也是實的，但是它在無窮遠處不為零，所以輻射模式的能量不能聚集在波導核內，而是向無窮遠輻射。衰退模式的波數 η 為虛數，因而在橫向平面上它不能傳播，而且在無窮遠處的值趨向無窮大。在進行物理分析和數值計算時，引導模式是最重要的，但是輻射模式和衰退模式也必須考慮進去，因為它們會造成能量損失。

2.2.1 橫電波垂直模式

首先考慮橫電波形式的引導模式。引導模式除了要滿足方程式（2.16）外，還需要在無窮遠處為零，即

$$\lim_{|z|\to\infty} u(z) = 0 \tag{2.20}$$

假設平板波導如圖 2.1 所示，其折射率函數為式（2.1）。這時亥姆霍茲方程式（2.16）在波導核和覆蓋層中都是常系數的二階常微分方程，即

$$\begin{cases} u''(z) + k_0^2 n_2^2 u(z) = \eta^2 u(z), & |z| < \dfrac{d}{2} \\ u''(z) + k_0^2 n_1^2 u(z) = \eta^2 u(z), & |z| > \dfrac{d}{2} \end{cases} \tag{2.21}$$

常系數二階常微分方程的通解是可以解析寫出來的。方程式（2.21）在不同均勻區域的通解為

$$u(z)=\begin{cases}c_1e^{i\gamma_1 z}+c_2e^{-i\gamma_1 z}, & z>\dfrac{d}{2}\\ c_3e^{i\gamma_2 z}+c_4e^{-i\gamma_2 z}, & |z|<\dfrac{d}{2}\\ c_5e^{i\gamma_1 z}+c_6e^{-i\gamma_1 z}, & z<-\dfrac{d}{2}\end{cases} \tag{2.22}$$

其中，c_m（$m=1, 2, \cdots, 6$）為常系數，

$$\gamma_m=\sqrt{k_0^2n_m^2-\eta^2}, \qquad m=1, 2 \tag{2.23}$$

如果 γ_m 為復數，則要求 $\mathrm{Im}\{\gamma_m\}>0$。

為確定系數 c_m 和波數 η 的值，需要利用函數 u 在無窮遠處的條件［式（2.20）］以及電磁場在界面上的連續性條件［式（1.11）］。首先，解［式（2.22）］要滿足條件［式（2.20）］，則波數 η 必須滿足條件：

$$\eta>k_0n_1 \tag{2.24}$$

如果波數 η 不滿足條件［式（2.24）］，則 $\gamma_1>0$。當 $z\to+\infty$時，解［式（2.22）］中的 $e^{i\gamma_1 z}$ 和 $e^{-i\gamma_1 z}$ 這兩項都不會趨於零，而是像正弦和餘弦函數一樣一直振蕩下去。這與條件［式（2.20）］不相符。所以波數 η 必須滿足條件［式（2.24）］。這時，γ_1 是純虛數，且虛部大於零，即 $\gamma_1=i\tau$ 且 $\tau>0$。從而得到 $e^{i\gamma_1 z}=e^{-\tau z}$，$e^{-i\gamma_1 z}=e^{\tau z}$。當 $z\to+\infty$ 時，有 $e^{i\gamma_1 z}\to 0$ 和 $e^{-i\gamma_1 z}\to\infty$。為滿足邊界條件［式（2.20）］，要求 $c_2=0$。同理，有 $c_5=0$。還有 4 個系數和波數 η 需要確定。

因為 $u(z)$ 是磁場的 z 分量，所以由電磁場在介質界面上的邊界條件［式（1.11）］知 $u(z)$ 在 $z=\pm d/2$ 時連續。由式（2.15）可知

$u'(z)$ 與磁場 x 分量的連續性一樣。而根據條件［式（1.11）］，磁場 x 分量在 $z=\pm d/2$ 上也是連續的。所以 $u'(z)$ 在 $z=\pm d/2$ 上也連續。由 $u(z)$ 和 $u'(z)$ 的連續性條件知，式（2.22）中其他 4 個常系數滿足線性方程組：

$$\begin{bmatrix} \rho_1 & -\rho_2 & -1/\rho_2 & 0 \\ 0 & 1/\rho_2 & \rho_2 & -\rho_1 \\ \gamma_1\rho_1 & -\gamma_2\rho_2 & \gamma_2/\rho_2 & 0 \\ 0 & \gamma_2/\rho_2 & -\gamma_2\rho_2 & \gamma_1\rho_1 \end{bmatrix}\begin{bmatrix} c_1 \\ c_3 \\ c_4 \\ c_6 \end{bmatrix}=0 \tag{2.25}$$

其中，

$$\rho_m = e^{i\gamma_m d/2}, \qquad m=1,\ 2 \tag{2.26}$$

線性方程組（2.25）存在非零解的條件是其系數矩陣必須是奇異的。由系數矩陣的奇異性（即行列式為零），可知引導模式的波數 η 滿足下列非線性代數方程

$$(2h^2 - V^2)\sin(h) - 2h\sqrt{V^2 - h^2}\cos(h) = 0 \tag{2.27}$$

其中，

$$V = \mathrm{d}k_0\sqrt{n_2^2 - n_1^2}, \qquad h = \mathrm{d}\gamma_2 \tag{2.28}$$

注意 γ_2 是 η 的函數，方程式（2.27）是橫電波引導模式的色散方程，即 η 與頻率 ω 所要滿足的方程。只要從式（2.27）求得 h，就能得到波數 η 的值。再在式（2.25）中任意固定其中一個系數，就可解得其他三個系數。最后，代入式（2.22）求出引導模式。式（2.27）只有有限個實數解，所以引導模式的數量是有限的，且波數 η 介於 k_0n_1 與

k_0n_2 之間。橫電波垂直模式的譜如圖 2.2 所示，其中點（a）、（b）和（c）對應引導模式。圖 2.3 為不同類型垂直模式 $u(z)$ 的函數圖形。從引導模式的函數圖形可知，它們聚集在波導核中，且在覆蓋層中迅速衰退為零。

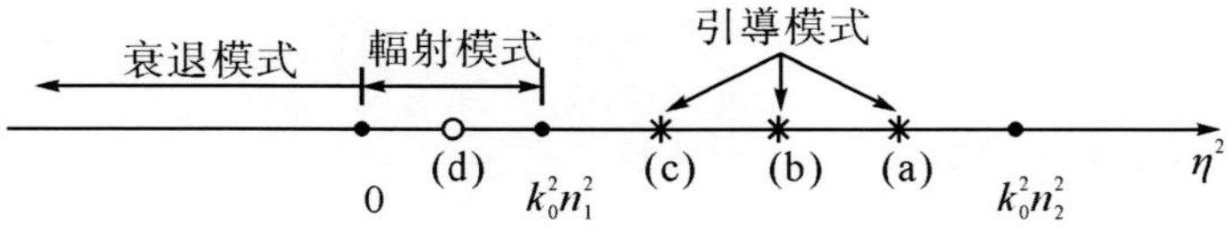

圖 2.2　橫電波垂直模式的譜分佈

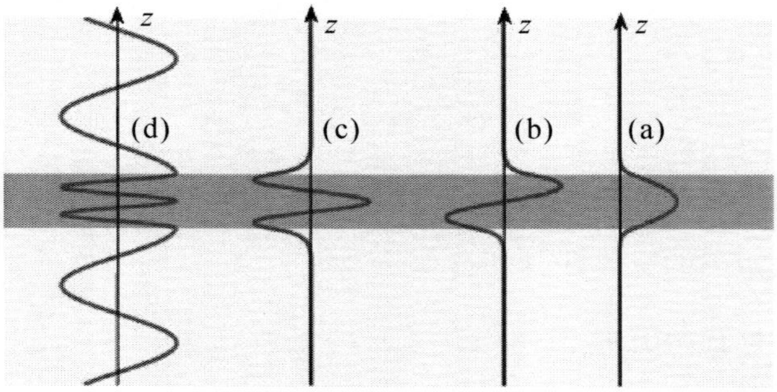

圖 2.3　各種橫電波垂直模式 $u(z)$ 的函數圖形

（a）、（b）和（c）為引導模式，（d）為輻射模式。深色部分為波導核，淺色部分為覆蓋層。

對於輻射模式和衰退模式，由於不滿足在無窮遠處為零的條件［式（2.20）］，其系數 c_2 和 c_5 不等於零。解［式（2.22）］的七個未知量（6 個系數和一個波數 η）中有 6 個未知量是獨立。但是利用 $u(z)$ 和 $u'(z)$ 在界面 $z = \pm d/2$ 的連續性只能得出 4 個關於系數 c_1，c_2，…，c_6

的條件。所以對於任何一個滿足 $\eta^2 < k_0^2 n_1^2$ 的 η，方程式（2.16）都存在式（2.22）形式的非零解。如圖 2.2 和圖 2.3 所示，當波數 η 滿足條件

$$0 \le \eta^2 < k_0^2 n_1^2 \tag{2.29}$$

時，方程式（2.16）的特徵解為輻射模式。當波數 η 滿足條件

$$\eta^2 < 0 \tag{2.30}$$

時，即 η 為純虛數時，方程式（2.16）的特徵解為衰退模式。圖 2.2 和圖 2.3 中，（d）為輻射模式，它的函數圖形在 z 方向上會一直振蕩。當 $|z| \to \infty$時，衰退模式的函數值會趨於無窮大。

2.2.2 橫磁波垂直模式

橫磁波垂直模式滿足特徵方程式（2.19）。橫磁波引導模式在無窮遠處為零，所以滿足條件

$$\lim_{|z| \to \infty} w(z) = 0 \tag{2.31}$$

與橫電波類似，方程式（2.19）在波導核和覆蓋層的解可寫成

$$w(z) = \begin{cases} c_1 e^{i\gamma_1 z} + c_2 e^{-i\gamma_1 z}, & z > \dfrac{d}{2} \\ c_3 e^{i\gamma_2 z} + c_4 e^{-i\gamma_2 z}, & |z| < \dfrac{d}{2} \\ c_5 e^{i\gamma_1 z} + c_6 e^{-i\gamma_1 z}, & z < -\dfrac{d}{2} \end{cases} \tag{2.32}$$

其中，c_m（$m = 1, 2, \cdots, 6$）為常系數，γ_1 和 γ_2 的定義與式（2.22）中的一樣。同理波數 η 必須滿足式（2.24），且系數 $c_2 = c_5 = 0$。由電磁

場在介質界面上的邊界條件［式（1.11）］和橫磁波解［式（2.18）］知，函數 $w(z)$ 和 $\frac{w'(z)}{n^2(z)}$ 在界面 $z=\pm d/2$ 上連續。應用這些連續性條件，得系數所滿足的線性方程組：

$$\begin{bmatrix} \rho_1 & -\rho_2 & -1/\rho_2 & 0 \\ 0 & 1/\rho_2 & \rho_2 & -\rho_1 \\ \gamma_1\rho_1/n_1^2 & -\gamma_2\rho_2/n_2^2 & \gamma_2/(\rho_2 n_2^2) & 0 \\ 0 & \gamma_2/(\rho_2 n_2^2) & -\gamma_2\rho_2/n_2^2 & \gamma_1\rho_1/n_1^2 \end{bmatrix} \begin{bmatrix} c_1 \\ c_3 \\ c_4 \\ c_6 \end{bmatrix} = 0 \qquad (2.33)$$

其中，ρ_1 和 ρ_2 的定義如式（2.26）。線性方程組（2.33）有非零解的條件是其系數矩陣必須是奇異的，即行列式為零。通過簡單的計算，行列式為零等價於條件：

$$\left[\left(\frac{1}{n_1^4}+\frac{1}{n_2^4}\right)h^2-\frac{V^2}{n_1^4}\right]\sin(h)-2h\frac{\sqrt{V^2-h^2}}{n_1^2n_2^2}\cos(h)=0 \qquad (2.34)$$

其中，h 和 V 滿足式（2.28）。方程式（2.34）是橫磁波引導模式的色散方程，即 η 與頻率 ω 所要滿足的方程。通過求解方程式（2.34）可以得到橫磁波引導模式的波數 η 。再在式（2.33）中任意固定其中一個系數，就可解得其他三個系數。最后代入式（2.32）求出引導模式。式（2.34）只有有限個實數解，所以引導模式的數量是有限的，且波數 η 介於 k_0n_1 與 k_0n_2 之間。橫磁波垂直模式的譜如圖 2.4 所示，其中點（a）、（b）和（c）對應引導模式。圖 2.5 為不同類型垂直模式 $w(z)$ 的函數圖形。從引導模式的函數圖形可知，它們聚集在波導核中，且在覆蓋層中迅速衰退為零。

與橫電波一樣，對任意一個滿足條件

$$\eta^2 < k_0^2 n_1^2$$

的波數 η，都存在一個橫磁波輻射模式或衰退模式。如圖 2.4 和圖 2.5 所示，當波數 η 滿足條件［式（2.29）］時，方程式（2.19）的特徵解為輻射模式。當波數 η 滿足條件［式（2.30）］時，方程式（2.19）的特徵解為衰退模式。圖 2.4 和圖 2.5 中，（d）為輻射模式，它的函數圖形在 z 方向上會一直振蕩。注意，由於橫磁波垂直模式的導數在介質界面上不連續，其函數圖形在界面具有明顯的折痕。

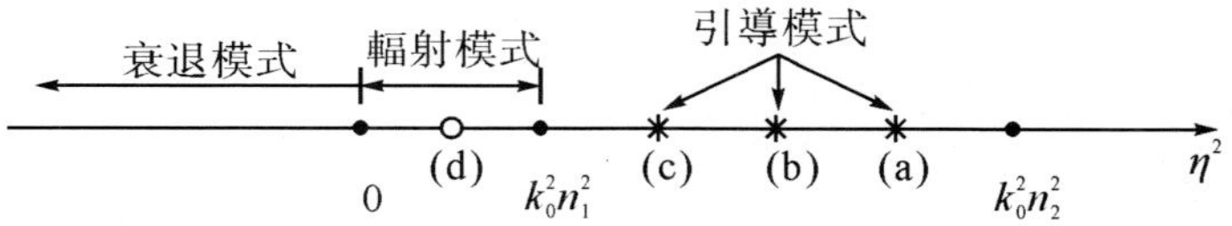

圖 2.4　橫磁波垂直模式的譜分佈

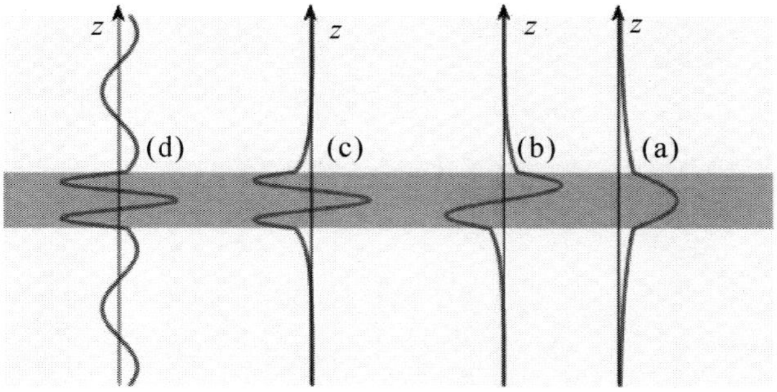

圖 2.5　各種橫磁波垂直模式 $w(z)$ 的函數圖形

（a）、（b）和（c）為引導模式，（d）為輻射模式。深色部分為波導核，淺色部分為覆蓋層。

2.2.3 引導模式的正交關係

引導模式之間是相互正交的。令 $u_j(z)$ 和 $w_k(z)$ 分別是橫電波引導模式和橫磁波引導模式，它們的波數分別為 $\eta_j^{(e)}$ 和 $\eta_k^{(m)}$ 。上標「 e 」和「 m 」分別表示橫電波和橫磁波，下標正整數「 j 」和「 k 」表示不同的引導模式。在無耗散介質中，橫電波引導模式有以下正交關係：

$$\int_{-\infty}^{+\infty} u_j(z)\,\bar{u}_k(z)\,\mathrm{d}z = 0\ ,\ j \neq k \tag{2.35}$$

橫磁波引導模式有正交關係：

$$\int_{-\infty}^{+\infty} \frac{1}{n^2(z)} w_j(z)\,\bar{w}_k(z)\,\mathrm{d}z = 0\ ,\ j \neq k \tag{2.36}$$

橫電波引導模式與橫磁波引導模式之間滿足：

$$\frac{1}{[\bar{\eta}_j^{(e)}]^2}\int_{-\infty}^{+\infty} \frac{1}{n^2(z)} (\bar{u}_j)'\,w_k\mathrm{d}z + \frac{1}{[\eta_k^{(m)}]^2}\int_{-\infty}^{+\infty} \frac{1}{n^2(z)} \bar{u}_j w_k'\mathrm{d}z = 0 \tag{2.37}$$

本書后面部分，假設所有的橫電波引導模式都滿足歸一化條件：

$$\int_{-\infty}^{+\infty} |u_j(z)|^2 \mathrm{d}z = 1 \tag{2.38}$$

橫磁波引導模式滿足歸一化條件：

$$\int_{-\infty}^{+\infty} \frac{1}{n^2(z)} |w_j(z)|^2 \mathrm{d}z = 1 \tag{2.39}$$

2.3 完美匹配層

由於平板波導結構是開放波導，電磁波在無窮遠處滿足索末菲輻射條件。理論上，必須要在無窮區域上求解方程式（2.16）和式（2.19）才能分別得到橫電波和橫磁波垂直模式。然而，數值計算只能在有界區域上求解，所以必須要用人工邊界條件將無窮區域截斷成有界區域。吸收邊界條件是最早用於截斷無窮區域的方法[10]。各種吸收邊界條件的基本思想是用簡單的邊界條件來表示向外傳播的波。吸收邊界條件的好處是它是局部的，在數值計算上比較容易實現，而且用有限元或有限差分方法離散后，不會破壞系數矩陣的稀疏性。但是高階吸收邊界條件只能與高階的數值方法一起使用才有作用[11]。狄利克雷到諾依曼邊界條件（Dirichlet-to-Neumann Boundary Condition）只對一些特殊的幾何結構問題（如球體）有用[10]。而一般的問題不是局部的，離散后，系數矩陣失去稀疏性，從而會造成數值計算無效率。在所有的人工邊界條件中，完美匹配層（Perfectly Matched Layers，簡稱 PML）方法是最高效、使用最廣的。完美匹配層方法幾乎可以吸收任何頻率、任何角度的波。而且由於它是局部的，數值實現非常簡單。1993 年，Berenger 首次提出了求解二維時域問題的分裂場形式的完美匹配層方法[6]。隨后，其他學者在頻率域中提出了更加簡單和易於實現的復坐標拉伸形式的完美匹配層方法[7,9]。本節介紹如何利用復坐標拉伸形式的完美匹配層方法來近似截斷橫電波和橫磁波垂直模式的計算區域。

2.3.1 基本原理

考慮二維橫電波在介質界面 $z=0$ 上的散射問題（如圖 2.6 所示）。$u^{(i)}$ 為入射波，入射角度為 θ。$u^{(r)}$ 和 $u^{(t)}$ 分別表示反射波和透射波。

介質 1 和 2 的折射率分別為 n_1 和 n_2。函數 $u(x, z)$ 為電場的 y 分量 $\boldsymbol{E}_y$，滿足二維亥姆霍兹方程：

$$\frac{\partial^2 u}{\partial x^2} + \frac{\partial^2 u}{\partial z^2} + k_0^2 n^2(x, z)\, u = 0 \tag{2.40}$$

設入射波為平面波，即

$$u^{(i)} = e^{i\alpha_2 x - i\gamma_2 z}, \qquad z > 0 \tag{2.41}$$

其中，$\alpha_2 = k_0 n_2 \sin\theta$ ，$\gamma_2 = k_0 n_2 \cos\theta > 0$，從而滿足

$$\alpha_2^2 + \gamma_2^2 = k_0^2 n_2^2 \tag{2.42}$$

這時反射波和透射波分別可寫成

$$u^{(r)} = Re^{i\alpha_2 x + i\gamma_2 z}, \qquad z > 0 \tag{2.43}$$

和

$$u^{(t)} = Te^{i\alpha_1 x + i\gamma_1 z}, \qquad z < 0 \tag{2.44}$$

其中 R 和 T 分別為反射和透射系數，α_1 和 γ_1 滿足

$$\alpha_1^2 + \gamma_1^2 = k_0^2 n_1^2 \tag{2.45}$$

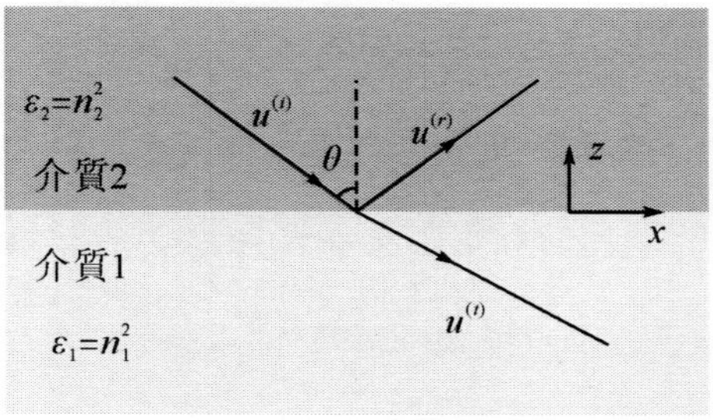

圖 2.6　二維光波散射示意圖

由邊界條件［式（1.11）］知，函數 u 和 $\dfrac{\partial u}{\partial z}$ 在界面 $z = 0$ 上連續。

在介質 2 中同時存在入射波和反射波，所以總波場為 $u = u^{(i)} + u^{(r)}$。而在介質 1 中只有透射波，總波場為 $u = u^{(t)}$。由 u 在 $z = 0$ 的連續性得

$$e^{i\alpha_2 x} + Re^{i\alpha_2 x} = Te^{i\alpha_1 x}$$

要使上式對所有的 x 都成立，必須要求：

$$\alpha_1 = \alpha_2 \tag{2.46}$$

且

$$1 + R = T \tag{2.47}$$

由 $\dfrac{\partial u}{\partial z}$ 在界面 $z = 0$ 上的連續性得

$$\gamma_2(1 - R) = \gamma_1 T \tag{2.48}$$

求解式（2.47）和式（2.48）得

$$R = \frac{\gamma_2 - \gamma_1}{\gamma_2 + \gamma_1}, \qquad T = \frac{2\gamma_2}{\gamma_2 + \gamma_1} \tag{2.49}$$

由條件［式（2.35）和式（2.36）］知 $\gamma_1 = \sqrt{k_0^2 n_1^2 - \alpha_2^2}$。而 $\gamma_2 = \sqrt{k_0^2 n_2^2 - \alpha_2^2}$。所以當介質 1 和介質 2 不同時，反射系數 R 不為零。

如圖 2.7 所示，假設介質 1 是完美匹配層。完美匹配層是人為設計的一個特殊介質層，該介質的波阻抗與介質 2 的波阻抗相同，從而使得入射波可以無反射地穿過界面完全進入完美匹配層。

復坐標拉伸完美匹配層方法等價於將方程式（2.40）改成

$$\frac{\partial^2 u}{\partial x^2} + \frac{\partial^2 u}{\partial z^2} + k_0^2 n^2(x, z)u = 0 \tag{2.50}$$

即

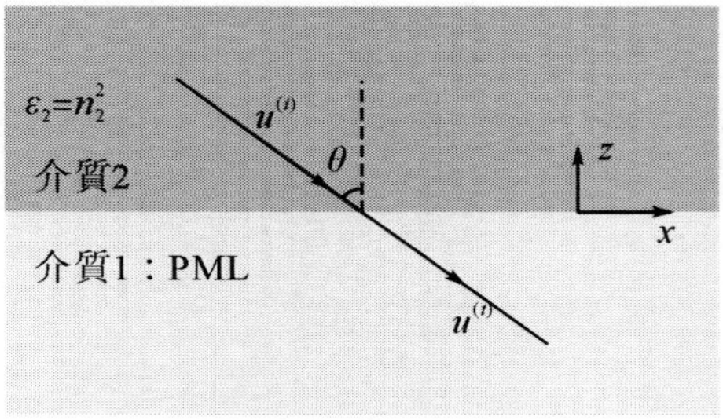

圖 2.7　二維光波在完美匹配層界面上的散射示意圖

$$\frac{\partial^2 u}{\partial x^2} + \frac{1}{f(z)}\frac{\partial}{\partial z}\left(\frac{1}{f(z)}\frac{\partial u}{\partial z}\right) + k_0^2 n^2(x,\ z)\,u = 0 \tag{2.51}$$

其中，

$$z = \int_0^z f(t)\,\mathrm{d}t, \qquad f(t) = 1 + i\tau(t) \tag{2.52}$$

$$\tau(z) = \begin{cases} 0, & z > 0 \\ \tau_*(z), & z < 0 \end{cases} \tag{2.53}$$

一般取 $\tau_*(z)$ 為 z 的某個實系數多項式函數，且 $\tau_*(z) > 0$。

入射波在完美匹配層界面上的散射問題在整個區域的解為

$$u(x,\ z) = e^{i\alpha_2 x - i\gamma_2 z} = e^{i\alpha_2 x - i\gamma_2 \int_0^z f(t)\,\mathrm{d}t} \tag{2.54}$$

由式（2.52）和式（2.53）可知，當 $z > 0$ 時

$$-i\gamma_2 \int_0^z f(t)\,\mathrm{d}t = -i\gamma_2 z \tag{2.55}$$

這時，式（2.54）與入射波一樣，所以介質 2 中沒有反射波。當 $z < 0$ 時

$$-i\gamma_2 \int_0^z f(t)\,\mathrm{d}t = -i\gamma_2 z + \gamma_2 \int_0^z \tau_*(t)\,\mathrm{d}t \tag{2.56}$$

不妨令 $\tau_*(t)=s_*$ 為一個大於零的常數，有

$$-i\gamma_2\int_0^z f(t)\,\mathrm{d}t=-i\gamma_2 z+\gamma_2 s_* z \tag{2.57}$$

將上式代入式（2.54），有

$$u(x,\ z)=e^{i\alpha_2 x-i\gamma_2 z}e^{\gamma_2 s_* z} \tag{2.58}$$

在式（2.58）中，由於 $\gamma_2>0$，$s_*>0$，所以沿著 z 軸負向傳播時，$e^{\gamma_2 s_* z}$ 會指數衰退，從而 $u(z)$ 在完美匹配層中快速衰退到零。也就是說完美匹配層會完全吸收入射波，不會造成反射。

2.3.2　厚度有限的完美匹配層

數值計算只能處理有限區域的問題，所以必須考慮厚度有限的完美匹配層。厚度有限的完美匹配層不能完全吸收入射波，有一小部分波還是會被反射。但是通過調整完美匹配層的厚度可以使反射波任意小。如圖 2.8 所示，假設完美匹配層只位於區間 $z\in(-d,\ 0)$，$z<-d$ 部分為理想導體（Perfect Electronic Conducts，簡稱 PEC），即它的電導率 σ 無窮大。在理想導體內電場都為零，從而有

$$u(-d)=0 \tag{2.59}$$

有限厚度的完美匹配層不能完全吸收入射波，理想導體會將一部分入射波反射到介質 2 中。在入射波下，介質 2 中的反射波為

$$u^{(r)}(x,\ z)=Re^{i\alpha_2 x+i\gamma_2 z} \tag{2.60}$$

其中，

$$R=-2e^{\gamma_2\int_0^{-d}\tau_*(t)\,\mathrm{d}t} \tag{2.61}$$

它表示被反射到介質 2 中入射波的比例。

用完美匹配層截斷時，$|R|$ 越小，說明截斷后問題的解與原問題的解之間的誤差就越小。在完美匹配層內取

$$\tau_*(z) = \sigma_* \frac{|z|^m}{d^m}, \qquad z \in (-d,\ 0) \tag{2.62}$$

其中，m 為正整數，一般取 $m = 3$ 或 4，σ_* 為正常數。將式（2. 62）代入式（2. 61），積分得

$$|R| = 2e^{-\gamma_2 \sigma_* d/(m+1)} \tag{2.63}$$

在厚度 d 一定的情況下，要使 $|R|$ 小，可以增大 σ_* 的值。例如要求 $|R| = 2 \times 10^{-6}$，則取

$$\sigma_* = \frac{6\ln(10)\ (m+1)}{\gamma_2 d} \approx \frac{14(m+1)}{\gamma_2 d} \tag{2.64}$$

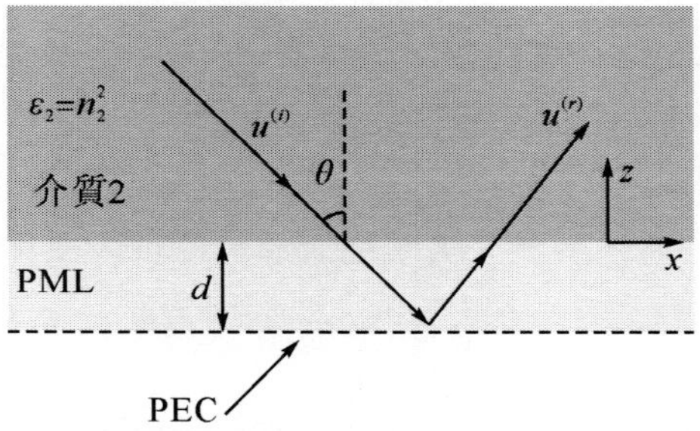

圖 2. 8　電磁波在厚度有限的完美匹配層中的散射

2. 3. 3　用完美匹配層截斷無窮區間

在數值計算橫電波和橫磁波垂直模式問題［見式（2. 16）和式（2. 19）］時，用完美匹配層方法將無窮區間 $z \in (-\infty,\ +\infty)$ 截斷為有界區間 $z \in [-W_2,\ W_2]$，如圖 2. 9 所示，其中完美匹配層位於區間 $[-W_2,\ -W_1]$ 和 $[W_1,\ W_2]$。這裡要求 $W_2 > W_1 > d/2$。截斷后，原橫電波垂直模式問題轉化為特徵值問題，即

$$\frac{1}{f(z)}\frac{\mathrm{d}}{\mathrm{d}z}\left(\frac{1}{f(z)}\frac{\mathrm{d}u}{\mathrm{d}z}\right)+k_0^2n^2(z)u=\eta^2u,\qquad z\in(-W_2,\ W_2)\tag{2.65}$$

其邊界條件為

$$u(-W_2)=u(W_2)=0\tag{2.66}$$

原橫磁波垂直模式問題轉化為特徵值問題，即

$$\frac{n^2(z)}{f(z)}\frac{\mathrm{d}}{\mathrm{d}z}\left(\frac{1}{f(z)\,n^2(z)}\frac{\mathrm{d}w}{\mathrm{d}z}\right)+k_0^2n^2(z)w=\eta^2w,\qquad z\in(-W_2,\ W_2)\tag{2.67}$$

其邊界條件為

$$w'(-W_2)=w'(W_2)=0\tag{2.68}$$

其中，$f(z)$ 由式（2.52）給出，且是連續函數，即

$$\tau(z)=\begin{cases}\sigma_*\left(\dfrac{z-W_1}{W_2-W_1}\right)^m, & z>W_1\\ 0, & |z|\le W_1\\ \sigma_*\left(\dfrac{z+W_1}{W_2-W_1}\right)^m, & z<-W_1\end{cases}\tag{2.69}$$

式中，σ_* 為正常數，m 為正整數。折射率函數 $n(z)$ 滿足式（2.1）。

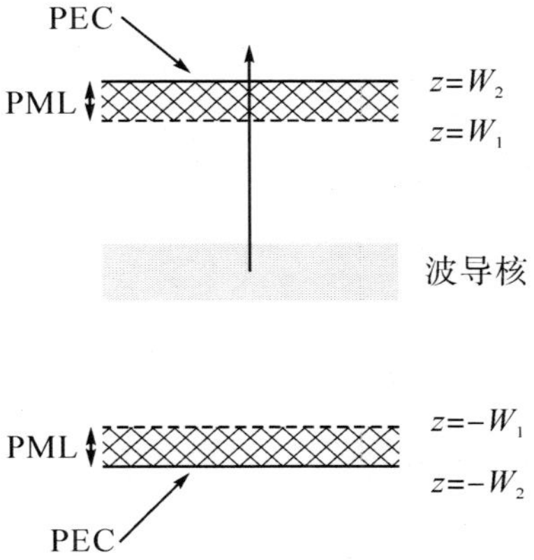

圖 2.9 完美匹配層將無窮區域截斷成有限區域

特徵值問題［式（2.65）、式（2.66）和式（2.67）、式（2.68）］有無限可數個特徵值和特徵函數。記橫電波垂直模式以及它的波數對為

$$\{u_j(z),\ \eta_j^{(e)}\},\qquad j = 1,\ 2,\ \cdots$$

記橫磁波垂直模式和它的波數對為

$$\{w_j(z),\ \eta_j^{(m)}\},\qquad j = 1,\ 2,\ \cdots$$

用完美匹配層截斷后的橫電波和橫磁波垂直模式分別滿足下列正交關係：

$$\int_{-W_2}^{W_2} f(z)\, u_j(z)\, u_k(z)\, \mathrm{d}z = 0 \tag{2.70a}$$

$$\int_{-W_2}^{W_2} \frac{f(z)}{n^2(z)} w_j(z)\, w_k(z)\, \mathrm{d}z = 0 \tag{2.70b}$$

其中，$j,\ k = 1,\ 2,\ \cdots$ 且 $j \neq k$。

2.4 三點四階有限差分格式

數值求解特徵值問題［式（2.65）、式（2.66）與式（2.67）、式（2.68）］的方法有很多，比如有限差分[12-13]、有限元[14]和傅里葉級數法[15]等。由於求解複雜三維問題時，需要將電磁場展開為垂直模式的線性組合，所以需要高階的數值方法來計算垂直模式，以減少未知量的數量。Chiou Y 等（2000）介紹了一個計算垂直模式的三點四階有限差分格式。由於本書后續章節針對複雜三維結構所開發的數值算法需要同時用到垂直模式以及垂直模式的一階導數，所以本書將對 Chiou Y 等

(2000) 提出的三點四階差分格式進行修改，提出一種新的三點四階有限差分格式來求解垂直模式。

令

$$v(z)=\frac{1}{f(z)}\frac{\mathrm{d}u}{\mathrm{d}z}$$

將其代入方程式 (2.65)，將橫電波垂直模式的特徵值問題轉化為

$$\begin{cases}\dfrac{1}{f(z)}\dfrac{\mathrm{d}u}{\mathrm{d}z}=v\\[2ex]\dfrac{1}{f(z)}\dfrac{\mathrm{d}v}{\mathrm{d}z}=[\eta^2-k_0^2n^2(z)]\,u\\[2ex]u(-W_2)=u(W_2)=0\end{cases}\tag{2.71}$$

令

$$s(z)=\frac{1}{f(z)}\frac{\mathrm{d}w}{\mathrm{d}z}\tag{2.72}$$

將其代入方程式 (2.67)，將橫磁波垂直模式的特徵值問題轉化為

$$\begin{cases}\dfrac{1}{f(z)}\dfrac{\mathrm{d}w}{\mathrm{d}z}=s\\[2ex]\dfrac{n^2(z)}{f(z)}\dfrac{\mathrm{d}}{\mathrm{d}z}\left(\dfrac{s}{n^2(z)}\right)=[\eta^2-k_0^2n^2(z)]\,w\\[2ex]s(-W_2)=s(W_2)=0\end{cases}\tag{2.73}$$

本書的三點四階差分格式直接離散特徵值問題［式 (2.71) 和式 (2.73)］，而不是方程式 (2.65) 和式 (2.67)。函數 $f(z)$ 由式 (2.52) 和式 (2.69) 給出，當 $m\geq 4$ 時，$f(z)$ 在除點 $z=\pm W_1$ 外無窮多階可導，在點 $z=\pm W_1$ 具有三階以上的連續導數。函數 $u(z)$，$v(z)$，

$w(z)$，$s(z)$ 在除點 $z=\pm d/2$ 外至少具有四階連續導數。本書如未特別說明，假設 $m\geq 4$。

2.4.1 界面條件

要開發高階差分格式，除了需要電磁場在介質界面上的連續性條件［式（1.11）］外，還需要電磁場的高階導數在界面上的條件。假設 $z=z_*$ 是兩種不同介質的交界面。當 $z>z_*$ 時，介質的折射率為 $n=n_+$；當 $z<z_*$ 時，介質的折射率為 $n=n_-$。首先考慮橫電波的情況。令 $u^{(p)}(z_*^-)$ 表示函數 $u(z)$ 的 p 階導數在界面 $z=z_*$ 的左極限，$u^{(p)}(z_*^+)$ 表示函數 $u(z)$ 的 p 階導數在界面 $z=z_*$ 的右極限，即

$$u^{(p)}(z_*^-)=\lim_{z\to z_*^-}u^{(p)}(z),\qquad u^{(p)}(z_*^+)=\lim_{z\to z_*^+}u^{(p)}(z)\tag{2.74}$$

式中，$p=0,1,2,\cdots$。由於函數 $u(z)$ 與 $u'(z)$ 在 $z=z_*$ 連續，所以

$$u(z_*^-)=u(z_*^+)\tag{2.75}$$

$$u'(z_*^-)=\kappa u'(z_*^+)\tag{2.76}$$

其中，$\kappa=1$。

對方程式（2.16）的左右兩邊求導致，令 $z\to z_*^-$，取極限得

$$u''(z_*^-)+k_0^2n_-^2\,u(z_*^-)=\eta^2u(z_*^-)\tag{2.77}$$

同理，令 $z\to z_*^+$，取極限得

$$u''(z_*^+)+k_0^2n_-^2\,u(z_*^+)=\eta^2u(z_*^+)\tag{2.78}$$

利用式（2.75），消去式（2.77）和（2.78）的右邊項，得

$$u''(z_*^+)=u''(z_*^-)+\xi u(z_*^-)\tag{2.79}$$

其中，

$$\xi = k_0^2(n_-^2 - n_+^2)$$

式（2.79）為函數 u 的二階導數在界面上的條件。

對方程（2.16）的左右兩邊求導數，令 $z \to z_*^-$，取極限得

$$u'''(z_*^-) + k_0^2 n_-^2 u'(z_*^-) = \eta^2 u'(z_*^-)$$

同理，有

$$u'''(z_*^+) + k_0^2 n_-^2 u'(z_*^+) = \eta^2 u'(z_*^+)$$

利用式（2.76），消去上述兩式的右邊項，得

$$u'''(z_*^+) = \kappa u'''(z_*^-) + \kappa \xi u(z_*^-) \tag{2.80}$$

式（2.80）為函數 u 的三階導數在界面上的條件。

重複上述過程，可以得到函數 u 的四階和五階導數在界面上的條件分別為

$$u^{(4)}(z_*^+) = u^{(4)}(z_*^-) + 2\xi u''(z_*^-) + \xi^2 u(z_*^-) \tag{2.81}$$

與

$$u^{(5)}(z_*^+) = \kappa [u^{(5)}(z_*^-) + 2\xi u'''(z_*^-) + \xi^2 u'(z_*^-)] \tag{2.82}$$

對於橫磁波，只需要在上述結果中將 $\kappa = 1$ 改為

$$\kappa = \frac{n_+^2}{n_-^2}$$

2.4.2　橫電波垂直模式的差分格式

首先考慮橫電波特徵值問題［式（2.71）］。如圖 2.10 所示，將區間［$-W_2$，W_2］等分成 $N+1$ 份，離散點為

$$z_j = -W_2 + jh, \qquad j = 0, 1, 2, \cdots, N+1 \tag{2.83}$$

其中，$h = \dfrac{2W_2}{N+1}$。半格離散點定義為

$$z_{j+1/2} = -W_2 + (j+1/2)h = z_j + h/2, \qquad j = 0, 1, 2, \cdots, N \tag{2.84}$$

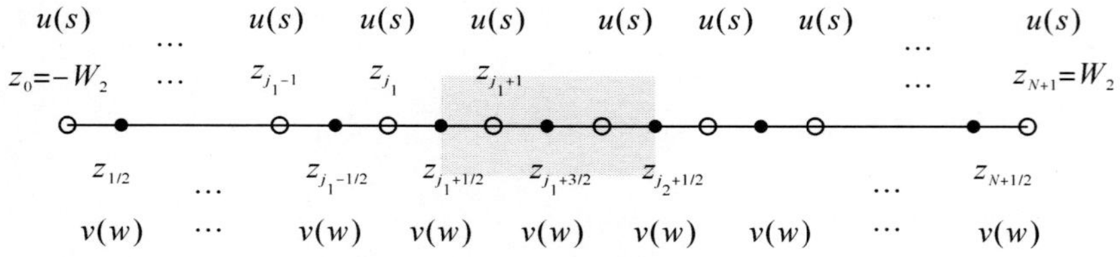

圖 2.10 區間 $[-W_2, W_2]$ 的離散

由於完美匹配層的所有信息都包含在函數 $f(z)$ 裡，離散時不需要考慮完美匹配層。離散后，函數 u 與 v 分別定義在整格離散點 z_j 和半格離散點 $z_{j+1/2}$ 上。為簡化符號，記函數 $u(z)$ 的 p 階導數在點 z_j 的值為 $u_j^{(p)}$，即

$$u^{(p)}(z_j) = u_j^{(p)} \tag{2.85}$$

對函數 $v(z)$ 也有類似記法。因為 $u'(z)$ 在界面上連續，所以 $v(z)$ 在界面上的值是有定義的。假設波導核與覆蓋層的交界面 $z = \pm d/2$ 都落在半格離散點上，即

$$-d/2 = z_{j_1+1/2}, \qquad d/2 = z_{j_2+1/2} \tag{2.86}$$

其中，j_1 和 j_2 是某個大於零小於 N 的正整數。

考慮特徵值問題［式（2.71）］第一個方程的四階差分離散格式。當 $0 \leq j \leq N$ 且 $j \neq j_1$、$j \neq j_2$ 時，將 u_j 和 u_{j+1} 在 $z = z_{j+1/2}$ 進行泰勒展開，並消去 $u_{j+1/2}$，得

$$\frac{u_{j+1}-u_j}{h}=u'_{j+1/2}+\frac{h^2}{24}u'''_{j+1/2}+O(h^4) \tag{2.87}$$

將 $u'''_{j+1/2}$ 看成 $u'_{j+1/2}$ 的二階導數，從而有

$$u'''_{j+1/2}=\frac{u'_{j+3/2}-2u'_{j+1/2}+u'_{j-1/2}}{h^2}+O(h^2) \tag{2.88}$$

將式（2.88）代入式（2.87）中，消去 $u'''_{j+1/2}$ 得

$$\frac{u_{j+1}-u_j}{h}=\frac{u'_{j+3/2}+22u'_{j+1/2}+u'_{j-1/2}}{24}+O(h^4) \tag{2.89}$$

從而特徵值問題［式（2.71）］的第一個方程在點 $z_{j+1/2}$ 可以用四階差分近似為

$$\frac{u_{j+1}-u_j}{h}=\frac{f_{j+3/2}v_{j+3/2}+22f_{j+1/2}v_{j+1/2}+f_{j-1/2}v_{j-1/2}}{24} \tag{2.90}$$

其中，

$$f_{j+1/2}=f(z_{j+1/2}) \tag{2.91}$$

且當 $j=0$ 或 N 時，

$$v_{-1/2}=v_{N+3/2}=0 \tag{2.92}$$

當 $j=j_1$ 時，函數 $u(z)$ 只是二階連續可導，式（2.87）和式（2.89）不再成立。將 u_{j_1+1} 在點 $z=z_{j_1+1/2}$ 進行泰勒展開，有

$$\begin{aligned}u_{j_1+1}=&u(z^+_{j_1+1/2})+\frac{h}{2}u'(z^+_{j_1+1/2})+\frac{h^2}{8}u''(z^+_{j_1+1/2})\\&+\frac{h^3}{48}u'''(z^+_{j_1+1/2})+\frac{h^4}{384}u^{(4)}(z^+_{j_1+1/2})+O(h^5)\end{aligned} \tag{2.93}$$

將函數 $u(z)$ 的各階導數在界面上的條件式（2.75）、式（2.76）、式（2.79）、式（2.80）和式（2.81）代入式（2.93），得

$$u_{j_1+1} = a_0 u(z_{j_1+1/2}^-) + a_1 u'(z_{j_1+1/2}^-) + a_2 u''(z_{j_1+1/2}^-) + a_3 u'''(z_{j_1+1/2}^+) + a_4 u^{(4)}(z_{j_1+1/2}^+) + O(h^5) \tag{2.94}$$

其中,

$$a_0 = 1 + \frac{h^2}{8}\xi + \frac{h^4}{384}\xi^2, \qquad a_1 = \frac{h}{2}\left(1 + \frac{h^2}{24}\xi\right)$$

$$a_2 = \frac{h^2}{8}\left(1 + \frac{h^2}{24}\xi\right), \qquad a_3 = \frac{h^3}{48}, \qquad a_4 = \frac{h^4}{384} \tag{2.95}$$

$$\xi = k_0^2 [n^2(z_{j_1+1/2}^-) - n^2(z_{j_1+1/2}^+)]$$

將 u_j 在點 $z = z_{j_1+1/2}$ 進行泰勒展開，有

$$u_{j_1} = u(z_{j_1+1/2}^-) - \frac{h}{2}u'(z_{j_1+1/2}^-) + \frac{h^2}{8}u''(z_{j_1+1/2}^-) - \frac{h^3}{48}u'''(z_{j_1+1/2}^-) + \frac{h^4}{384}u^{(4)}(z_{j_1+1/2}^-) + O(h^5) \tag{2.96}$$

聯立式（2.94）和式（2.96），消去 $u(z_{j_1+1/2}^-)$ 得

$$D_0 u(z_{j_1+1/2}^-) = u'(z_{j_1+1/2}^-) + g_1 u''(z_{j_1+1/2}^-) + g_2 u'''(z_{j_1+1/2}^-) + O(h^4) \tag{2.97}$$

其中,

$$D_0 u(z_{j_1+1/2}^-) = \frac{u_{j_1+1} - a_0 u_{j_1}}{a_1 + a_0 h/2} \tag{2.98}$$

$$g_1 = \frac{a_2 - a_0 h^2/8}{a_1 + a_0 h/2} \sim O(h^3), \qquad g_2 = \frac{a_3 + a_0 h^3/48}{a_1 + a_0 h/2} \sim O(h^2) \tag{2.99}$$

當 $z = z_{j_1+1/2}$ 不是界面時，式（2.97）變為式（2.87）。

在式（2.97）中還分別需要 $u''(z_{j_1+1/2}^-)$ 和 $u'''(z_{j_1+1/2}^-)$ 的一階和二階差分近似。將 $u'_{j_1+3/2}$ 在 $z_{j_1+1/2}^+$ 進行泰勒展開，並利用界面條件［式（2.75)、式（2.76）、式（2.79）、式（2.80）和式

(2.81)]，有

$$u'_{j_1+3/2}=b_0u(z^-_{j_1+1/2})+b_1u'(z^-_{j_1+1/2})+b_2u''(z^-_{j_1+1/2})$$
$$+b_3u'''(z^-_{j_1+1/2})+b_4u^{(4)}(z^-_{j_1+1/2})+O(h^4) \tag{2.100}$$

其中,

$$b_0=h\xi+\frac{h^2}{6}\xi,\qquad b_1=1+\xi\frac{h^2}{2},\qquad b_2=h+\xi\frac{h^3}{3}$$
$$b_3=\frac{h^2}{2},\qquad b_4=\frac{h^3}{6} \tag{2.101}$$

由於函數 $u(z)$ 不在半格離散點上定義，所以要在式（2.100）中消去 $u(z^-_{j_1+1/2})$。聯立式（2.94）和式（2.96），消去 $u'(z^-_{j_1+1/2})$，得

$$u(z^-_{j_1+1/2})=D_1u(z^-_{j_1+1/2})-g_3u''(z^-_{j_1+1/2})+O(h^4) \tag{2.102}$$

其中,

$$D_1u(z^-_{j_1+1/2})=\frac{hu_{j_1+1}/2+a_1u_{j_1}}{a_1+a_0h/2},\qquad g_3=\frac{a_2h/2+a_1h^2/8}{a_1+a_0h/2}\sim O(h^2) \tag{2.103}$$

將式（2.102）代入式（2.100），消去 $u(z^-_{j_1+1/2})$，得

$$u'(z^-_{j_1+3/2})=b_0D_1u(z^-_{j_1+1/2})+b_1u'(z^-_{j_1+1/2})+(b_2-g_3b_0)u''(z^-_{j_1+1/2})$$
$$+b_3u'''(z^-_{j_1+1/2})+b_4u^{(4)}(z^-_{j_1+1/2})+O(h^4) \tag{2.104}$$

將 $u'_{j_1-1/2}$ 在 $z=z^-_{j_1+1/2}$ 點用泰勒公式展開為

$$u'_{j_1-1/2}=u'(z^-_{j_1+1/2})-hu''(z^-_{j_1+1/2})+\frac{h^2}{2}u'''(z^-_{j_1+1/2})$$
$$-\frac{h^3}{6}u^{(4)}(z^-_{j_1+1/2})+O(h^4) \tag{2.105}$$

聯立式（2.104）和式（2.105），消去$u''(z^-_{j_1+1/2})$，得$u'''(z^-_{j_1+1/2})$二階差分近似為

$$u'''(z^-_{j_1+1/2}) = D_2u'(z^-_{j_1+1/2}) + g_4D_1u(z^-_{j_1+1/2}) + O(h^2) \qquad (2.106)$$

其中，$D_1u(z^-_{j_1+1/2})$的定義見式（2.103），

$$D_2u'(z^-_{j_1+1/2}) = \frac{hu'_{j_1+3/2} - (hb_1 + b_2 - g_3b_0)u'(z^-_{j_1+1/2}) + (b_2 - g_3b_0)u'_{j_1-1/2}}{g_0}$$

$$g_0 = hb_3 + \frac{h^2}{2}(b_2 - g_3b_0), \qquad g_4 = -\frac{hb_0}{g_0} \qquad (2.107)$$

$u''(z^-_{j_1+1/2})$二階差分近似可由式（2.104）和式（2.105）消去$u'''(z^-_{j_1+1/2})$得到，即

$$u''(z^-_{j_1+1/2}) = D_3u'(z^-_{j_1+1/2}) + g_6D_1u(z^-_{j_1+1/2}) + O(h^2) \qquad (2.108)$$

其中，

$$D_3u'(z^-_{j_1+1/2}) = \frac{h^2u'_{j_1+3/2}/2 - (h^2b_1/2 + b_3)u'(z^-_{j_1+1/2}) + b_3u'_{j_1-1/2}}{-g_0}$$

$$g_6 = \frac{h^2b_0}{2g_0} \qquad (2.109)$$

將式（2.108）和式（2.106）代入式（2.96），消去$u''(z^-_{j_1+1/2})$和$u'''(z^-_{j_1+1/2})$，得

$$\begin{aligned} & D_0u(z^-_{j_1+1/2}) - (g_1g_6 + g_2g_4)D_1u(z^-_{j_1+1/2}) \\ & = u'(z^-_{j_1+1/2}) + g_1D_3u'(z^-_{j_1+1/2}) + g_2D_2u'(z^-_{j_1+1/2}) + O(h^4) \end{aligned} \qquad (2.110)$$

因為完美匹配層離界面$z = \pm d/2$較遠，所以在界面附近，$f(z) = 1$。由特徵值問題［式（2.71）］的第一個方程，知

$$v(z^-_{j_1+3/2}) = u'(z^-_{j_1+3/2}), \qquad v(z^-_{j_1+1/2}) = u'(z^-_{j_1+1/2}),$$

$$v(z_{j_1-1/2}^-) = u'(z_{j_1-1/2}^-)$$

將上述關係應用於式（2.110），得特徵值問題［式（2.71）］第一個方程的四階差分近似

$$D_0 u(z_{j_1+1/2}^-) - (g_1 g_6 + g_2 g_4) D_1 u(z_{j_1+1/2}^-)$$
$$= v_{j_1+1/2} + g_1 D_3 v_{j_1+1/2} + g_2 D_2 v_{j_1+1/2}$$

即

$$\frac{1 - h(g_1 g_6 + g_2 g_4)}{a_1 + a_0 h/2} u_{j_1+1} - \frac{a_0 + a_1(g_1 g_6 + g_2 g_4)}{a_1 + a_0 h/2} u_{j_1}$$
$$= \frac{hg_2 - h^2 g_1/2}{g_0} v_{j_1+3/2}$$
$$+ \frac{g_0 + g_1(b_3 + h^2 b_1/2) - g_2(hb_1 + b_2 - g_3 b_0)}{g_0} v_{j_1+1/2}$$
$$+ \frac{g_2(b_2 - g_3 b_0) - g_1 b_3}{g_0} v_{j_1-1/2} \qquad (2.111)$$

其中系數 a，b，g 的定義由式（2.95）、式（2.99）、式（2.101）、式（2.103）、式（2.107）和式（2.109）給出。

同理，可推導出 $j = j_2$ 時特徵值問題［式（2.71）］第一個方程的四階差分近似。它與式（2.111）類似。對所有的 j（$0 \le j \le N$），聯立式（2.90）和式（2.111），得線性方程組：

$$\boldsymbol{D}_u \boldsymbol{u} = \boldsymbol{D}_v \boldsymbol{v} \qquad (2.112)$$

其中，$\vec{\boldsymbol{u}}$ 是 u_j（$j = 1, 2, \cdots, N$）的向量，$\boldsymbol{v}$ 是 $v_{j+1/2}$（$j = 0, 1, \cdots, N$）的向量，矩陣 $\boldsymbol{D}_u$ 和 $\boldsymbol{D}_v$ 分別是 u_j 和 $v_{j+1/2}$ 的系數矩陣。矩陣 $\boldsymbol{D}_u$ 和 $\boldsymbol{D}_v$ 的大小分別為 $(N + 1) \times N$ 和 $(N + 1) \times (N + 1)$。

求解特徵值問題［式（2.71）］，還需要第二個方程的四階差分近似。與式（2.90）的推導類似，當$1 \le j \le N$，且$j \neq j_1, j_1+1, j_2, j_2+1$時，特徵值問題［式（2.71）］第二個方程的四階差分近似為

$$\frac{v_{j+1/2} - v_{j-1/2}}{h} = \eta^2 \frac{f_{j+1}u_{j+1} + 22f_j u_j + f_{j-1}u_{j-1}}{24} - k_0^2 \frac{f_{j+1}n_{j+1}^2 u_{j+1} + 22f_j n_j^2 u_j + f_{j-1}n_{j-1}^2 u_{j-1}}{24} \tag{2.113}$$

其中，

$$n_j = n(z_j) \tag{2.114}$$

當$j = j_1$時，將$v_{j_1+1/2}$和$v_{j_1-1/2}$在點$z = z_{j_1}$進行泰勒展開，消去v_{j_1}，得

$$\frac{v_{j_1+1/2} - v_{j_1-1/2}}{h} = v'_{j_1} + \frac{h^2}{24}v'''_{j_1} + O(h^4) \tag{2.115}$$

還需要v'''_{j_1}的二階差分近似。由式（2.71）的第二個方程可知

$$v'''_{j_1} = (\eta^2 - k_0^2 n_{j_1}^2)\, u''_{j_1} \tag{2.116}$$

從而只需要找到u''_{j_1}的二階差分近似即可。將u_{j_1+1}在$z = z^+_{j_1+1/2}$進行泰勒展開，有

$$u_{j_1+1} = u(z^+_{j_1+1/2}) + \frac{h}{2}u'(z^+_{j_1+1/2}) + \frac{h^2}{8}u''(z^+_{j_1+1/2}) + \frac{h^3}{48}u'''(z^+_{j_1+1/2}) + O(h^4)$$

對上式應用界面條件［式（2.75）、式（2.76）、式（2.79）、式（2.80）和式（2.81）］，得

$$u_{j_1+1} = \left(1 + \frac{h^2}{8}\xi\right)u(z^-_{j_1+1/2}) + \left(\frac{h}{2} + \frac{h^3}{48}\xi\right)u'(z^-_{j_1+1/2}) + \frac{h^2}{8}u''(z^-_{j_1+1/2}) + \frac{h^3}{48}u'''(z^-_{j_1+1/2}) + O(h^4)$$

再將 $u^{(p)}(z^-_{j_1+1/2})$（其中 $p=0$，1，2，3）在 $z=z_{j_1}$ 進行泰勒展開，並代入上式，合併同類項得

$$u_{j_1+1}=c_0u_{j_1}+c_1u'_{j_1}+c_2u''_{j_1}+c_3u'''_{j_1}+O(h^4) \tag{2.117}$$

其中，

$$c_0=1+\frac{h^2}{8}\xi,\quad c_1=h+\frac{h^3}{12}\xi,\quad c_2=\frac{h^2}{2},\quad c_3=\frac{h^3}{6} \tag{2.118}$$

將 u_{j_1-1} 在 $z=z_{j_1}$ 進行泰勒展開得

$$u_{j_1-1}=u_{j_1}-hu'_{j_1}+\frac{h^2}{2}u''_{j_1}-\frac{h^3}{6}u'''_{j_1}+O(h^4) \tag{2.119}$$

從式（2.117）和式（2.119）中消去 u'''_{j_1} 得

$$u''_{j_1}=\frac{hu_{j_1+1}-(hc_0+c_1)u_{j_1}+c_1u_{j_1-1}}{hc_2+c_1h^2/2}+O(h^2)$$

將上式代入式（2.116），得

$$v'''_{j_1+1}=(\eta^2-k_0^2n_{j_1}^2)\frac{hu_{j_1+1}-(hc_0+c_1)u_{j_1}+c_1u_{j_1-1}}{hc_2+c_1h^2/2}+O(h^2) \tag{2.120}$$

將式（2.120）代入式（2.115），得

$$\frac{v_{j_1+1/2}-v_{j_1-1/2}}{h}=(\eta^2-k_0^2n_{j_1}^2)\left[\frac{h^3}{24(hc_2+h^2c_1/2)}u_{j_1+1}\right.$$
$$\left.\left(1-\frac{h^2(hc_0+c_1)}{24(hc_2+h^2c_1/2)}\right)u_{j_1}+\frac{h^2c_1}{24(hc_2+h^2c_1/2)}u_{j_1-1}\right] \tag{2.121}$$

與式（2.121）類似，可以推出當 $j=j_1+1$，j_2，j_2+1 時，式（2.71）第二個方程的四階差分近似。對所有的 j（$1\le j\le N$），聯立式（2.113）和式（2.121），得線性方程組

$$\boldsymbol{D}_v\boldsymbol{v} = (\eta^2\boldsymbol{I} - k_0^2\boldsymbol{N}^2)\boldsymbol{D}_u\boldsymbol{u} \tag{2.122}$$

其中，矩陣 $\boldsymbol{D}_v$ 和 $\boldsymbol{D}_u$ 分別是 $v_{j+1/2}$ 和 u_j 的系數矩陣，矩陣 $\boldsymbol{D}_v$ 和 $\boldsymbol{D}_u$ 的大小分別為 $N \times (N+1)$ 和 $N \times N$，$\boldsymbol{I}$ 為單位矩陣，

$$\boldsymbol{N} = \mathrm{diag}(n_1,\ n_2,\ \cdots,\ n_N) \tag{2.123}$$

將式（2.112）代入式（2.122）中，消去 $\boldsymbol{v}$ 得

$$(\boldsymbol{D}_v\boldsymbol{D}_v^{-1}\boldsymbol{D}_u + k_0^2\boldsymbol{N}^2\boldsymbol{D}_u)\boldsymbol{u} = \eta^2\boldsymbol{D}_u\boldsymbol{u} \tag{2.124}$$

線性特徵值代數方程（2.124）就是特徵值問題［式（2.71）］的四階差分離散。求解特徵方程式（2.124）可得到橫電波垂直模式的波數 η_j，以及它的函數分佈 $u_j(z)$。由式（2.112）可求得它的一階導數 $v_j(z)$，其中 $j = 1,\ 2,\ \cdots,\ N$。

2.4.3 橫磁波垂直模式的差分格式

考慮橫磁波垂直模式的特徵值問題［式（2.73）］的四階差分格式。將區間 $[-W_2,\ W_2]$ 如圖 2.10 所示分成 $N+1$ 等份，函數 $w(z)$ 在半格離散點 $z_{j+1/2}$ ($j = 0,1,\cdots,N$) 上取值，$s(z)$ 在整格離散點 z_j ($j = 0,1,\cdots,N+1$) 上取值。根據泰勒展開，當 $1 \le j \le N$ 且 $j \neq j_1,\ j_1 + 1/2,\ j_2,\ j_2 + 1/2$ 時，式（2.73）的第一個方程在 z_j 的四階差分離散為

$$\frac{w_{j+1/2} - w_{j-1/2}}{h} = \frac{f_{j+1}s_{j+1} + 22f_js_j + f_{j-1}s_{j-1}}{24} \tag{2.125}$$

其中，$f_j = f(z_j)$。由式（2.73）中的邊界條件知，$s_0 = s_{N+1} = 0$。

當 $j = j_1$ 時，式（2.73）的第一個方程在 z_j 的四階差分離散為

$$\left(\frac{1}{h} + \frac{a_0h^3}{48g_7}\right)w_{j+1/2} - \left(\frac{1}{h} - \frac{a_0h^3}{48g_7}\right)w_{j-1/2} = \frac{h^3}{24g_7}s_{j+1}$$

$$+\left(1-\frac{h^3a_1+h^2a_2-a_0h^4/8}{24g_7}\right)s_j+\frac{a_2h^2-a_0h^4/8}{24g_7}s_{j-1} \quad (2.126)$$

其中,

$$a_0=\frac{h}{2}\xi+\frac{h^3}{48}\xi^2, \qquad a_1=\kappa+\frac{h^2}{8}\kappa\xi+\frac{h^4}{4}\xi$$

$$a_2=\frac{h}{2}(1+\kappa)+\frac{h^3}{16}\kappa\xi+\frac{5h^3}{48}\xi, \qquad a_3=\frac{h^2}{4}(1+\kappa),$$

$$a_4=\frac{h^3}{12}(1+\kappa)$$

$$\kappa=\frac{n^2(z^+_{j+1/2})}{n^2(z^-_{j+1/2})}, \qquad \xi=k_0^2\left[n^2(z^-_{j+1/2})-n^2(z^+_{j+1/2})\right]$$

$$g_7=ha_3+\frac{h^2a_2}{2}-\frac{h^4a_0}{8}$$

當 $j=j_1+1$, j_2, j_2+1 時,有類似結果。對所有的 j ($1\leq j\leq N$),聯立方程式(2.125)和式(2.126),得線性方程組

$$\boldsymbol{D}_w\boldsymbol{w}=\boldsymbol{D}_s\boldsymbol{s} \quad (2.127)$$

其中,$\boldsymbol{w}$ 是 $w_{j+1/2}$ ($j=0, 1, \cdots, N$) 的向量,$\boldsymbol{s}$ 是 s_j ($j=1, 2, \cdots, N$) 的向量,矩陣 $\boldsymbol{D}_w$ 和 $\boldsymbol{D}_s$ 分別是 $w_{j+1/2}$ 和 s_j 的係數矩陣。矩陣 $\boldsymbol{D}_w$ 和 $\boldsymbol{D}_s$ 的大小分別為 $N\times(N+1)$ 和 $N\times N$。

當 $0\leq j\leq N$ 且 $j\neq j_1$, j_2 時,式(2.73)的第二個方程在 $z_{j+1/2}$ 點的四階差分離散為

$$\frac{s_{j+1}-s_j}{h}=\eta^2\frac{f_{j+3/2}w_{j+3/2}+22f_{j+1/2}w_{j+1/2}+f_{j-1/2}w_{j-1/2}}{24}$$

$$-k_0^2\frac{f_{j+3/2}n_{j+3/2}^2w_{j+3/2}+22f_{j+1/2}n_{j+1/2}^2w_{j+1/2}+f_{j-1/2}n_{j-1/2}^2w_{j-1/2}}{24}$$

(2.128)

其中，$f_{j+1/2}=f(z_{j+1/2})$，$n_{j+1/2}=n(z_{j+1/2})$，$w_{-1/2}=w_{N+3/2}=0$。當 $j=j_1$ 時，式（2.73）的第二個方程在 $z_{j+1/2}$ 點四階差分離散為

$$\frac{s_{j+1}-b_1s_j}{b_2+hb_1/2}=\frac{b_0}{b_2+hb_1/2}w_{j+1/2}+[\eta^2-k_0^2n^2(z_{j-1/2}^-)]\left[\frac{g_8h^2+g_9h}{hc_2+h^2c_1/2}w_{j+3/2}\right.$$

$$\left.+\left(1-\frac{g_8h^4\xi/4+g_9(hc_0+c_1)}{hc_2+h^2c_1/2}\right)w_{j+1/2}+\frac{g_9c_1-g_8c_2}{hc_2+h^2c_1/2}w_{j-1/2}\right]$$

(2.129)

其中，

$$b_0=\frac{h}{2}\xi+\frac{h^2}{48}\xi^2,\qquad b_1=\kappa+\frac{h^2}{8}\kappa\xi+\frac{h^4}{384}\kappa\xi^2,\qquad b_2=\frac{h}{2}+\frac{h^3}{48}\xi$$

$$b_3=\frac{h^2}{8}\kappa+\frac{h^4}{192}\kappa\xi,\qquad b_4=\frac{h^3}{48},\qquad b_5=\frac{h^4}{384}\kappa$$

$$c_0=1+\frac{h^2}{2}\xi,\qquad c_1=h\kappa+\frac{h^3}{6}\kappa\xi,\qquad c_2=\frac{h^2}{2},\qquad c_3=\frac{h^3}{6}\kappa$$

$$g_8=\frac{b_3-h^2b_1/8}{b_2+hb_1/2}\sim O(h^3),\qquad g_9=\frac{b_4+h^3b_1/48}{b_2+hb_1/2}\sim O(h^2)$$

κ 和 ξ 的定義與式（2.126）一樣。對於 $j=j_2$ 有類似的四階近似。

對所有的 j（$0\le j\le N$），聯立方程式（2.128）和式（2.129），得線性方程組：

$$\boldsymbol{D}_s\boldsymbol{s}=\boldsymbol{G}\boldsymbol{w}+(\eta^2\boldsymbol{I}-k_0^2\boldsymbol{N}^2)\boldsymbol{D}_w\boldsymbol{w}\qquad(2.130)$$

其中，矩陣 $\boldsymbol{D}_s$ 是 s_j 的系數矩陣，$\boldsymbol{G}$ 和 $\boldsymbol{D}_w$ 是 $w_{j+1/2}$ 的系數矩陣，$\boldsymbol{I}$ 是單位

矩陣，

$$\boldsymbol{N} = \mathrm{diag}(n_{1/2}, \; n_{3/2}, \; \cdots, \; n_{N+1/2}) \tag{2.131}$$

矩陣 $\boldsymbol{D}_s$, $\boldsymbol{G}$ 和 $\boldsymbol{D}_s$ 的大小分別為 $(N+1) \times N$, $(N+1) \times (N+1)$ 和 $(N+1) \times (N+1)$ 。聯立式（2. 127）和式（2. 130），消去 $\boldsymbol{s}$ 得

$$(\boldsymbol{D}_w \boldsymbol{D}_s^{-1} \boldsymbol{D}_w + k_0^2 \boldsymbol{N}^2 \boldsymbol{D}_w - \boldsymbol{G}) \boldsymbol{w} = \eta^2 \boldsymbol{D}_w \boldsymbol{w} \tag{2.132}$$

線性特徵值代數方程式（2. 132）就是特徵值問題［式（2. 73）］的四階差分離散。求解特徵方程式（2. 132）可得到橫磁波垂直模式的波數 η_j ，以及它的函數分佈 $w_j(z)$ 。由式（2. 127）可求得它的一階導數 $s_j(z)$ ，其中 $j = 1, 2, \cdots, N+1$。按照圖 2. 10 中的方式離散區間 $[-W_2, W_2]$ ，我們的三點四階差分格式計算出的橫磁波垂直模式要比橫電波垂直模式的數量多 1 個。

2. 4. 4 數值實驗

為驗證上述四階差分格式的正確性，考慮一個數值算例。假設波導核的厚度 $d = 0.6\mu\mathrm{m}$，折射率 $n_2 = 3.5$。覆蓋層為空氣，折射率 $n_1 = 1$。當波長 $\lambda = 2\mu\mathrm{m}$ 時，此結構有兩個橫電波垂直引導模式和橫磁波垂直引導模式。數值計算垂直模式時，用完美匹配層將無窮區域截斷為 $[-1.5\mu\mathrm{m}, 1.5\mu\mathrm{m}]$ ，即 $W_2 = 1.5\mu\mathrm{m}$ 。完美匹配層的厚度為 $0.3\mu\mathrm{m}$ ，即 $W_1 = 1.2\mu\mathrm{m}$ 。完美匹配層由式（2. 69）給出，其中

$$m = 4, \qquad \sigma_* = \frac{36\lambda}{\pi(W_2 - W_1)}$$

λ 為波長。對不同的離散步長，求解式（2. 124）和式（2. 132）分別

得到橫電波和橫磁波垂直引導模式的波數。計算所得到的波數與精確值的絕對誤差。這裡波數的精確值通過求解代數方程式（2.27）和式（2.34）得到。圖 2.11 顯示了當波長 $\lambda = 2\mu m$ 時這些誤差與離散步長的對數關係。箭頭所指線表示函數 $y = x^4$，它的斜率為 4。從圖 2.11 中可以觀察到四階收斂的現象，從而差分格式是正確的。通常，由於橫磁波的導數在介質界面上不連續，得到高精度的橫磁波垂直引導模式比較難。當 $\lambda = 4\mu m$ 時，此結構只有一個橫電波和橫磁波垂直引導模式。圖 2.12 顯示了 $\lambda = 4\mu m$ 時，橫電波和橫磁波垂直引導模式波數的誤差與離散步長的對數關係，從該圖同樣可以觀察到四階收斂現象。

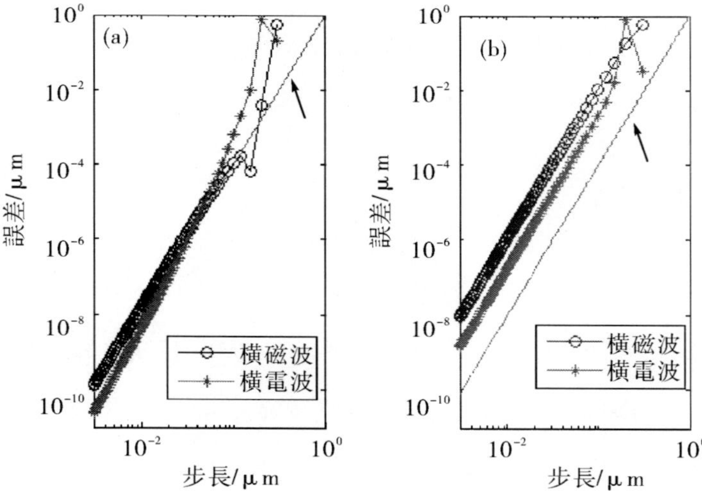

圖 2.11 $\lambda = 2\ \mu m$ 時，垂直引導模式波數的誤差與離散步長的對數關係

（a）表示第一個垂直引導模式的誤差。（b）表示第二個垂直引導模式的誤差。

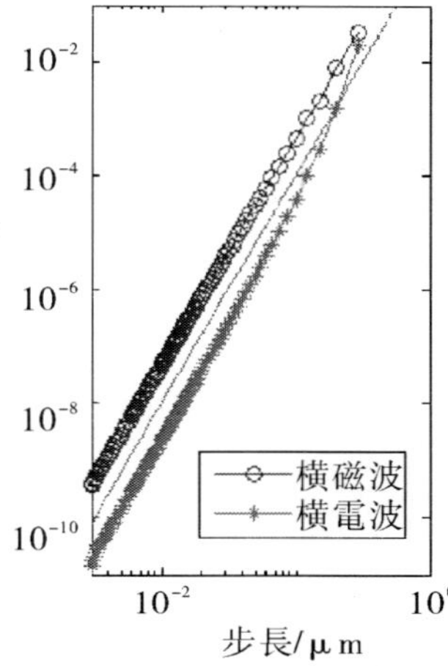

圖 2.12　$\lambda = 4\ \mu\text{m}$ 時，垂直引導模式波數的誤差與離散步長的對數關係

2.5　本章小結

利用分離變量法，平板波導結構中麥克斯韋方程組的解可以表示成橫電波解與橫磁波解的線性組合。橫電波解與橫磁波解可分別通過求解一個二階常微分方程的特徵值問題得到。數值求解二階常微分方程的特徵值問題時需要用完美匹配層將無窮區間截斷成有限區間。本章的最后部分介紹了一種將二階常微分方程的特徵值問題離散成線性代數方程組特徵值問題的三點四階差分格式。

3 光子晶體平板散射問題的數值計算

光子晶體（Photonics Crystals）是人造的週期電介質結構[17]。關於光子晶體的研究最早可追溯到1888年瑞利勛爵對一維週期分層結構的工作[18]。但是光子晶體真正受到廣泛關注是由Yablonovitch E[19]和John S[20]分別於1987年發表的兩篇里程碑式的文章開始。光子晶體具有很強的控製光波的能力，主要的原因是它存在光子帶隙。光子帶隙是指某個頻率範圍，當光波的頻率落在這個範圍內時，光波不能通過此週期結構。利用光子帶隙，科學家們設計出了各種光學元器件來控製光波，例如：無損耗的反射鏡和彎曲光路、高品質因子的光學微腔、無閥值的激光器和低驅動能量的非線性光學開關等。光子帶隙與半導體結構中的電子能帶隙類似。電子能帶隙是電子計算機的基礎，所以光子帶隙的發現使光子計算機的實現變得可能。

理論上，只有在三維週期結構中才能實現光波同時在三個方向上的束縛。但是微米級的三維光子晶體結構非常難製造[21]。光子晶體平板結構是一種在一個方向上厚度有限，在另外兩個方向上週期的三維結構。在垂直方向（即厚度有限的那個方向）上，由於全反射，光波的能量聚集在平板結構內。在週期方向上，由於光子晶體存在光子帶隙，也可以控製光波的傳播。光子晶體平板可以通過在一塊平整的介質平板上週期地調制圓柱洞來構造。它的實際製造相對容易，是三維光子晶體結構比較好的替代，被廣泛應用於各種集成光學元器件[17,22-24]。然而，光子晶體平板控製光波的能力並不完美，容易造成光波在垂直方向上的滲漏，主要是由於其在垂直方向上全反射束縛光波的能力不完美。

光子晶體平板中的數學問題可分為邊值問題和特徵值問題。邊值問題包括光波在彎曲波導、分叉波導中的傳播，以及散射問題等。特徵值問題包括光子晶體中的光子帶隙的計算、波導模式計算、空腔模式計算等。由於光子晶體平板是三維結構，數值計算通常比較複雜，計算量大。本章主要研究具有有限個圓柱洞陣列的光子晶體平板結構的散射問題，計算其透射和反射譜。這些譜十分重要，因為在實際的集成光路中，不同的光學元器件總是由有限結構隔開。

在本章中，第一節回顧了已有的計算三維光子晶體散射問題的數值方法。第二節用數學語言描述了具有有限個圓柱洞陣列的光子晶體平板結構的散射問題，構造合適的邊界條件。第三節介紹了將邊值問題轉化為初值問題的算子遞推法。第四節介紹了算子的垂直模式表示。第五節介紹了通過構造麥克斯韋方程組在單位區域內的通解來近似計算 DtN 算子的方法。在第六節中，我們計算了幾個數值算例來驗證算法的有效性。第七節開發了一個垂直模式選擇方法來減少計算量。

3.1 已有的數值計算方法

電磁場的數值計算方法有很多，其中使用最廣、最多的是有限元[25-26]。有限元的特點主要包括普適性、稀疏性等。普適性是指有限元方法可以幾乎用於任何幾何結構的數值計算，而且可以通過自適應算法提高計算效率[27]。稀疏性是指有限元方法離散后得到的是稀疏矩陣。對於稀疏線性方程組有很多高效的算法可以求解[28]。有限元方法對於有限結構的散射、空腔散射等問題的數值計算非常有效，但是對於週期結構問題，有一些局限。這其中包括邊界條件的構造以及稀疏性的散失。週期結構邊界條件的構造是一個非常困難但非常重要的問題[29]。對於本章所考慮的問題，其週期結構邊界條件是擬週期條件。下一章所考慮的問題的邊界條件非常複雜，需要借助布洛赫模式展開。所有這些邊界條件對有限元造成了一個不好的影響，即離散后所得到的矩陣不再是稀疏的。通常有限元方法的精度不高，離散點的數量非常巨大，所以需要求解一個非稀疏的超大型線性方程組。再加上麥克斯韋方程組離散后所得到的是一個非正定的復數線性方程組。求解這樣一個非稀疏、非正定的復數線性方程組需要的計算量非常大。此外，對於光學領域的研究者來說，有限元方法太複雜，很難掌握。

在光學領域，應用最廣、最多、最簡單的方法是時域有限差分法(Finite-Difference Time-Domain)[8,30]。時域有限差分法直接求解時域麥克斯韋方程組。它的優點是編程簡單、可應用於各種結構、可計算各種邊值和特徵值問題，因此，受到廣大研究者的重視。它的缺點是精度低、計算量巨大、計算時間長、計算內存需求巨大，特別是對週期結構中邊界條件的處理非常不方便。為了提高精度和減少計算量，研究者對時域有限差分法進行了各種改進，例如：高階時域差分法[31]、時域有限元法[32]等。但是在處理三維問題，特別是週期三維問題時，其計算量還是很大。時域有限差分法的另一個缺點是不易處理色散和非線性介質。如果介質是色散的或者非線性的，當前時間電磁場的值就會與之前的電磁場有關，從而造成計算量的急遽增加。

頻率域中也有求解光子晶體平板結構中麥克斯韋方程組的數值算法。相對於時域方法，頻率域中的算法比較容易處理色散介質問題。此外，頻率域中的麥克斯韋方程組少了一個時間維度，離散后未知量個數和計算時間都要少得多。由於光子晶體平板結構是三維結構，我們可以利用有效折射率法（Effective Index Method）將其近似為一個二維模型，然后高效快速求解[33]。然而，這種方法的誤差較大，只能得到一些定性的結果。特別是由於二維模型不能夠模擬能量在垂直方向上的滲漏[34]，因此，有效折射率法在實際中使用較少。平面波展開法（Plane Wave Expansion Method）[35-39]被廣泛應用於數值求解週期結構中的麥克斯韋方程組。利用週期或擬週期邊界條件，麥克斯韋方程組在一個週期內的解可以展開為一系列平面波的疊加。平面波展開法的優點是週期邊界條件可以很自然地由平面波表示出來，不需要特別處理。它的缺點是所需平面波的數量巨大，因而未知量的個數非常多。其主要原因在於一般的結構都是由多種介質構成的。在不同介質界面上，電場的垂直分量是不連續的，從而造成傅里葉級數收斂較慢。此外，由於本章所考慮的三維結構只在一個或者兩個方向上是週期的，在垂直方向上不是週期，因而需要在不是週期的方向上人為引入週期邊界條件構造所謂的超級單元（Super Cells），並在超級單元內將麥克斯韋方程組展開為平面波的組合。其計算結果越精確，所需的超級單元就越大，用於展開的平面波數量也就越多，計算也就越複雜。

上面所介紹的都是可以適用於一般幾何結構的數值計算方法。對於一些特殊的幾何結構中的散射問題，有一些特殊的快速算法。例如：對於有限個圓柱體或者球面體的散射問題，可用多級展開法（Multipole Method）[40-41]快速求解。多級展開法也可用於快速計算具有有限個圓柱洞的平板結構的數值解[42]。通過在垂直方向上將電磁場展開為一系列垂直模式的線性組合，將三維問題變成一系列相互耦合的二維問題，然后用多級展開法快速求解。但是對於具有無窮多個圓柱洞的平板結構（如週期結構），由於需要計算晶格和，多級展開法失去了它的優勢。

狄利克雷到諾依曼算子法（Dirichlet-to-Neumann Map Method，簡稱 DtN 算子法）被廣泛應用於各種二維光子晶體結構的快速數值計算[43-47]。週期結構的一個週期稱為單位元或單位區域。DtN 算子將電磁場在單位元邊界上的值映射到電磁場在單位元邊界上的法向導數值。利用單位元的 DtN 算子，可以避免對單位元進行離散和計算。DtN 算子法可用來高效快速計算各種二維光子晶體的光子帶隙[43-44]，還可以用來快速計算有限二維光子晶體結構的反射和透射譜[45-47]。對於一般的光子晶體結構（如光子晶體彎曲波導、光子晶體空腔等），DtN 算子還可以用來截斷光子晶體波導，並構造嚴格的邊界條件[48]。由於 DtN 算子在二維問題求解上的高效性，本章將它推廣到三維光子晶體平板結構的快速計算。本章利用 Pissoort D 等（2007）的思想，通過把電磁場的解在垂直方向上展開成一系列的垂直模式，將三維問題轉化為一系列二維問題，然后用 DtN 算子法求解這些二維問題。此方法避免了求晶格和，且比 Pissoort D 等（2007）的方法實現起來要簡單。

3.2 散射問題的描述

本章主要研究如圖 3.1 和圖 3.2 所示的光子晶體平板三維結構中散射問題的數值求解。在圖 3.1 和圖 3.2 中，深色部分表示折射率較大的一種介質，白色部分表示折射率較小的一種介質。光子晶體平板可通過在一塊厚度有限的平板波導上週期地調制圓柱洞陣列來構造。圓柱洞呈三角晶格形式排列。假設圓柱洞陣列在 y 方向的數量是有限的（圖 3.1 和圖 3.2 中有 5 列圓柱洞陣列），在 x 方向上是週期的，週期為 L。記圖 3.2 中上下兩條虛線分別為 $y = W$ 和 $y = 0$，圓柱洞介於 $y = W$ 和 $y = 0$ 之間。由於麥克斯韋方程組中只有兩個未知量是獨立的，且它的解可以分解為橫電波和橫磁波的線性組合，所以將電場和磁場的 z 分量看作未知量。電磁場的其他分量可由式（2.15）和式（2.18）給出。

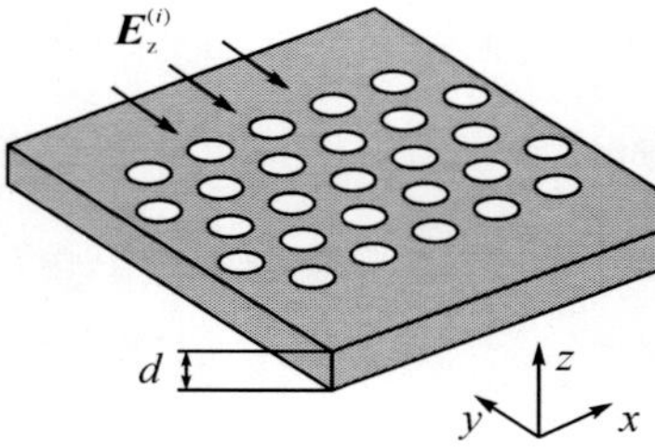

圖 3.1 光子晶體平板結構示意圖

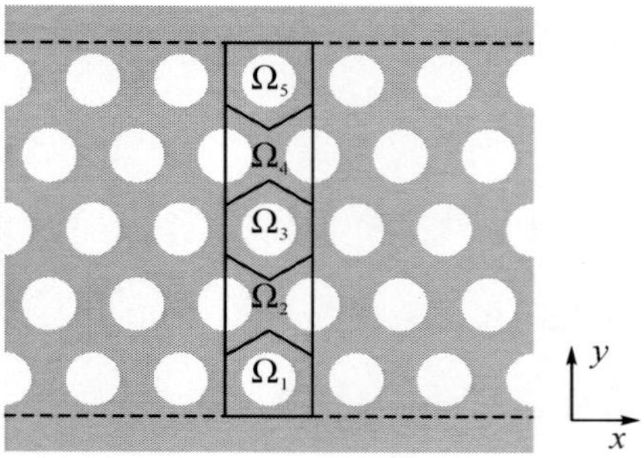

圖 3.2 xy 平面的截面圖

3.2.1 入射波

設在 $y > W$ 區域內，有一個在 xy 平面內傳播的橫電波或橫磁波形式的入射波。如果是橫電波形式的入射波，由式（2.15）知電場的 z 分量為零，它只有磁場的 z 分量，即

$$\boldsymbol{E}_z^{(i)} = 0, \qquad \boldsymbol{H}_z^{(i)} = u_1(z)\exp[i\alpha_0 x - i\beta_{1,0}^{(e)}(y - W)] \tag{3.1}$$

式中，$(\alpha_0, -\beta_{1,0}^{(e)})$ 為入射波在 xy 平面上的傳播方向，$\beta_{1,0}^{(e)} > 0$ 且滿足

$$\alpha_0^2 + [\beta_{1,0}^{(e)}]^2 = [\eta_1^{(e)}]^2 \tag{3.2}$$

函數 $u_1(z)$ 滿足方程式（2.16），是第一個橫電波垂直引導模式。$\eta_1^{(e)}$ 是它的波數。電磁場的其他分量由式（2.15）給出。在記號 $\beta_{1,0}^{(e)}$ 中，上標「 e 」表示橫電波，下標「 1」表示第一個垂直引導模式（即波數最大的引導模式），下標「 0」表示零階衍射級。記 $\theta_{1,0}^{(e)}$ 為入射波在 xy 平面內的入射角度，則

$$\alpha_0 = \eta_1^{(e)} \sin(\theta_{1,0}^{(e)}), \qquad \beta_{1,0}^{(e)} = \eta_{1,0}^{(e)} \cos(\theta_{1,0}^{(e)}) \tag{3.3}$$

如果是橫磁波形式的入射波，由式（2.18）知磁場的 z 分量為零，它只有電場的 z 分量，即

$$E_z^{(i)} = \frac{1}{n^2(z)} w_1(z) \exp[i\alpha_0 x - i\beta_{1,0}^{(m)}(y - W)], \qquad H_z^{(i)} = 0 \tag{3.4}$$

其中，$(\alpha_0, -\beta_{1,0}^{(m)})$ 為入射波在 xy 平面上的傳播方向，$\beta_{1,0}^{(m)} > 0$ 且滿足

$$\alpha_0^2 + [\beta_{1,0}^{(m)}]^2 = [\eta_1^{(m)}]^2 \tag{3.5}$$

函數 $w_1(z)$ 滿足方程式（2.19），是第一個橫磁波垂直引導模式。$\eta_1^{(m)}$ 是它的波數，$n(z)$ 表示平板波導的折射率。電磁場的其他分量由式（2.18）給出。在記號 $\beta_{1,0}^{(m)}$ 中，上標「m」表示橫電波，下標「1」表示第一個垂直模式，下標「0」表示零階衍射級。記 $\theta_{1,0}^{(m)}$ 為入射波在 xy 平面內的入射角度，則

$$\alpha_0 = \eta_1^{(m)} \sin(\theta_{1,0}^{(m)}), \qquad \beta_{1,0}^{(m)} = \eta_{1,0}^{(m)} \cos(\theta_{1,0}^{(m)}) \tag{3.6}$$

3.2.2　反射波和透射波

當式（3.1）或式（3.4）形式的入射波撞擊到圓柱洞陣列時，一部分會被反射回去形成反射波，一部分會穿過圓柱洞陣列形成透射波，還有一部分會通過圓柱洞在垂直方向泄漏出去。雖然入射波只是橫電波垂直引導模式或者橫磁波垂直引導模式，但是反射波和透射波會同時包含所有的橫電波和橫磁波的垂直模式，以及所有的散射級。這是因為橫

電波和橫磁波在圓柱洞與波導核的交界面上會相互耦合；同一種類型的不同垂直模式之間也會發生耦合；一個方向傳播的入射波經過週期結構散射后激發出不同方向傳播的波。當入射波為式（3.1）或式（3.4）時，在區域 $y > W$ 內，反射波的一般解為

$$\boldsymbol{H}_z^{(r)} = \sum_j \sum_{k=-\infty}^{\infty} R_{jk}^{(e)} u_j(z) \exp[i(\alpha_k x + \beta_{jk}^{(e)} y)] \tag{3.7a}$$

$$\boldsymbol{E}_z^{(r)} = \frac{1}{n^2(z)} \sum_j \sum_{k=-\infty}^{\infty} R_{jk}^{(m)} w_j(z) \exp[i(\alpha_k x + \beta_{jk}^{(m)} y)] \tag{3.7b}$$

其中，$\boldsymbol{H}_z^{(r)}$ 對應橫電波，$\boldsymbol{E}_z^{(r)}$ 對應橫磁波，$R_{jk}^{(e)}$ 和 $R_{jk}^{(m)}$ 為反射波系數，$u_j(z)$ 和 $w_j(z)$ 分別為橫電波垂直模式和橫磁波垂直模式，且分別滿足亥姆霍茲方程式（2.16）和式（2.19），$u_j(z)$ 和 $w_j(z)$ 所對應的波數分別為 $\boldsymbol{\eta}_j^{(e)}$ 和 $\boldsymbol{\eta}_j^{(m)}$，

$$\alpha_k = \alpha_0 + \frac{2\pi}{L}k, \qquad \beta_{jk}^{(p)} = \sqrt{[\eta_j^{(p)}]^2 - \alpha_k^2} \tag{3.8}$$

$p = e$ 對應橫電波，$p = m$ 對應橫磁波，且要求 $\beta_{jk}^{(e)}$ 的虛部非負。在式（3.7）中，上標「r」表示反射波，下標「j」表示垂直模式，下標「k」表示散射級。

式（3.7）可由分離變量法和電磁場的週期性推導出來。當 $y > W$ 時，介質在 xy 平面上不發生變化。根據第二章中的橫電波和橫磁波分解，由分離變量法知磁場和電場的 z 分量可分別展開為一系列的橫電波和橫磁波垂直模式的線性組合，即

$$\boldsymbol{H}_z^{(r)} = \sum_j u_j(z)\, h_j^{(r)}(x, y) \tag{3.9a}$$

$$\boldsymbol{E}_z^{(r)} = \frac{1}{n^2(z)} \sum_j w_j(z)\, e_j^{(r)}(x, y) \tag{3.9b}$$

其中，函數 $h_j^{(r)}(x, y)$ 和 $e_j^{(r)}(x, y)$ 分別滿足亥姆霍茲方程：

$$\frac{\partial^2}{\partial x^2}h_j^{(r)} + \frac{\partial^2}{\partial y^2}h_j^{(r)} + [\eta_j^{(e)}]^2 h_j^{(r)} = 0 \qquad (3.10a)$$

與

$$\frac{\partial^2}{\partial x^2}e_j^{(r)} + \frac{\partial^2}{\partial y^2}e_j^{(r)} + [\eta_j^{(m)}]^2 e_j^{(r)} = 0 \qquad (3.10b)$$

由於三維光子晶體平板結構在 x 方向上是週期的，所以散射問題的解應該滿足擬週期條件，即

$$\boldsymbol{E}(x + L, y, z) = e^{i\alpha_0 L}\boldsymbol{E}(x, y, z),$$

$$\boldsymbol{H}(x + L, y, z) = e^{i\alpha_0 L}\boldsymbol{H}(x, y, z) \qquad (3.11)$$

將上述條件應用於式（3.9a），可知函數 $h_j^{(r)}(x, y)$ 也滿足擬週期條件［式（3.11）］。所以函數 $h_j^{(r)}(x, y)$ 在 x 方向上可以展開為傅里葉級數，即

$$h_j^{(r)}(x, y) = \sum_{k=-\infty}^{\infty} g_{jk}(y)\, e^{i\alpha_k x} \qquad (3.12)$$

其中，α_k 由式（3.8）定義。將式（3.12）代入式（3.9a），可得函數 $g_{jk}(y)$ 的控製方程式：

$$g''_{jk}(y) + [\beta_{jk}^{(e)}]^2 g_{jk}(y) = 0 \qquad (3.13)$$

式中，$\beta_{jk}^{(e)}$ 滿足式（3.8）。函數 $g_{jk}(y)$ 的通解為

$$g_{jk}(y) = R_{jk}^{(e)} \exp[i\beta_{jk}^{(e)} y] + R_{jk}^{(e)} \exp[-i\beta_{jk}^{(e)} y] \qquad (3.14)$$

由於反射波沿 y 軸的正向傳播，式（3.14）的第二項為零，即 $R_{jk}^{(e)} = 0$。將式（3.14）代入式（3.12），再代入式（3.9a），可得反射波的一般解式（3.7a）。同理可得式（3.7b）。

同理，當入射波為式（3.1）或式（3.4）時，在區域 $y<0$ 內，透射波的一般形式為

$$H_z^{(t)} = \sum_j \sum_{k=-\infty}^{\infty} T_{jk}^{(e)} u_j(z) \exp[i(\alpha_k x - \beta_{jk}^{(e)} y)] \tag{3.15a}$$

$$E_z^{(t)} = \frac{1}{n^2(z)} \sum_j \sum_{k=-\infty}^{\infty} T_{jk}^{(m)} w_j(z) \exp[i(\alpha_k x - \beta_{jk}^{(m)} y)] \tag{3.15b}$$

其中，$T_{jk}^{(e)}$ 和 $T_{jk}^{(m)}$ 為透射波系數，上標「t」表示透射波。其他符號的含義與式（3.7）中的一樣。

由於垂直模式包含有限個引導模式以及連續的輻射模式和衰退模式，因此式（3.7）和式（3.15）中關於指標 j 的加法應該包含兩部分：第一部分是對有限個引導模式的加法，第二部分是對輻射模式和衰退模式的積分[49]。在數值計算時，z 方向被完美匹配層截斷，這時輻射模式和衰退模式的連續譜被近似成無窮可數個離散特徵值，因而式（3.7）和式（3.15）中關於指標 j 的加法從 $j=1$ 加到無窮。

3.2.3 邊界條件

由於三維光子晶體平板結構在 x 方向上是週期的，所以散射問題的解應該滿足擬週期條件式（3.11）。由於磁場的 z 分量 $\boldsymbol{H}_z$ 和電場的 z 分量 $\boldsymbol{E}_z$ 為未知函數，令

$$\boldsymbol{w} = \begin{bmatrix} \boldsymbol{H}_z \\ \boldsymbol{E}_z \end{bmatrix} \tag{3.16}$$

根據擬週期條件［式（3.11）］，有

$$\boldsymbol{w}(x+L,\ y,\ z) = \rho \boldsymbol{w}(x,\ y,\ z),\qquad \rho = e^{i\alpha_0 L} \tag{3.17}$$

式（3.17）隱含了函數 $\boldsymbol{w}$ 在 x 方向上的邊界條件：

$$\boldsymbol{w}(L, y, z) = \rho \boldsymbol{w}(0, y, z), \quad \frac{\partial \boldsymbol{w}}{\partial x}(L, y, z) = \rho \frac{\partial \boldsymbol{w}}{\partial x}(0, y, z) \tag{3.18}$$

此外，根據 $\boldsymbol{H}_z$ 和 $\boldsymbol{E}_z$ 在 $y > W$ 和 $y < 0$ 的一般表達式（3.7）和式（3.15），可推導出函數 $\boldsymbol{w}$ 在 $y = W$ 和 $y = 0$ 的邊界條件。設 $g(x, z)$ 是任意一個在 x 方向上滿足擬週期條件［式（3.17）］的函數，再將 $g(x, z)$ 展開為橫電波垂直模式，即

$$g(x, z) = \sum_{j=1}^{\infty} \tilde{g}_j(x) u_j(z) \tag{3.19}$$

由於 $g(x, z)$ 滿足擬週期條件［式（3.17）］，所以 $\tilde{g}_j(x)$ 也滿足擬週期條件［式（3.17）］。從而 $\tilde{g}_j(x)$ 可展開為傅里葉級數，然后代入式（3.19），有

$$g(x, z) = \sum_{j=1}^{\infty} \sum_{k=-\infty}^{\infty} g_{jk} u_j(z) \exp(i\alpha_k x) \tag{3.20}$$

其中，g_{jk} 為常系數。定義線性算子 $\boldsymbol{S}^{(e)}$ 的特徵函數為 $u_j(z)\exp(i\alpha_k x)$，特徵值為 $\beta_{jk}^{(e)}$，即

$$\boldsymbol{S}^{(e)}[u_j(z)\exp(i\alpha_k x)] = \beta_{jk}^{(e)} u_j(z)\exp(i\alpha_k x) \tag{3.21}$$

其中，$\beta_{jk}^{(e)}$ 由式（3.8）給出，$1 \le j < \infty$，$-\infty < k < \infty$。將算子 $\boldsymbol{S}^{(e)}$ 作用在函數 $g(x, z)$ 上，有

$$[\boldsymbol{S}^{(e)} g](x, z) = \sum_{j=1}^{\infty} \sum_{k=-\infty}^{\infty} \beta_{jk}^{(e)} g_{jk} u_j(z) \exp[i\alpha_k x] \tag{3.22}$$

根據式（3.7）和式（3.15），$\boldsymbol{H}_z^{(r)}$ 和 $\boldsymbol{H}_z^{(t)}$ 在 $y = W$ 和 $y = 0$ 的值是 x 和 z 的函數，且在 x 方向上滿足擬週期條件［式（3.17）］。所以可將

算子 $\boldsymbol{S}^{(e)}$ 作用於 $\boldsymbol{H}_z^{(r)}$ 在 $y = W$ 的值上，即

$$[\boldsymbol{S}^{(e)}\boldsymbol{H}_z^{(r)}](x, W, z) = \sum_{j=1}^{\infty}\sum_{k=-\infty}^{\infty}\beta_{jk}^{(e)} R_{jk}^{(e)} u_j(z)\exp(i\alpha_k x)\exp(i\beta_{jk}^{(e)} W)$$

從式（3.7a），也可以求得 $\boldsymbol{H}_z^{(r)}$ 關於 y 的偏導數在 $y = W$ 的值為

$$\left.\frac{\partial \boldsymbol{H}_z^{(r)}}{\partial y}\right|_{(x, W, z)} = i\sum_{j=1}^{\infty}\sum_{k=-\infty}^{\infty}\beta_{jk}^{(e)} R_{jk}^{(e)} u_j(z)\exp(i\alpha_k x)\exp(i\beta_{jk}^{(e)} W)$$

比較上述兩式，可知它們的等式右邊除了虛數單位 i 之外是一樣的，所以有

$$\frac{\partial \boldsymbol{H}_z^{(r)}}{\partial y} = i\boldsymbol{S}^{(e)}\boldsymbol{H}_z^{(r)}, \qquad y = W \tag{3.23}$$

同理可得函數 $\boldsymbol{H}_z^{(t)}$ 在 $y = 0$ 的邊界條件為

$$\frac{\partial \boldsymbol{H}_z^{(t)}}{\partial y} = -i\boldsymbol{S}^{(e)}\boldsymbol{H}_z^{(t)}, \qquad y = 0 \tag{3.24}$$

對於橫磁波，定義算子 $\boldsymbol{S}^{(m)}$ 如下：

$$\boldsymbol{S}^{(m)}\left[\frac{1}{n^2(z)}w_j(z)\exp(i\alpha_k x)\right] = \beta_{jk}^{(m)}\frac{1}{n^2(z)}w_j(z)\exp(i\alpha_k x) \tag{3.25}$$

其中，$\beta_{jk}^{(m)}$ 由式（3.8）給出。利用算子 $\boldsymbol{S}^{(m)}$，$\boldsymbol{E}_z^{(r)}$ 在 $y = W$ 的邊界條件可寫成

$$\frac{\partial \boldsymbol{E}_z^{(r)}}{\partial y} = i\boldsymbol{S}^{(m)}\boldsymbol{E}_z^{(r)}, \qquad y = W \tag{3.26}$$

$\boldsymbol{E}_z^{(t)}$ 在 $y = 0$ 的邊界條件可寫成

$$\frac{\partial \boldsymbol{E}_z^{(t)}}{\partial y} = -i\boldsymbol{S}^{(m)}\boldsymbol{E}_z^{(t)}, \qquad y = 0 \tag{3.27}$$

聯立式（3.23）和式（3.26）得

$$\frac{\partial \boldsymbol{w}^{(r)}}{\partial y} = i\boldsymbol{S}\boldsymbol{w}^{(r)}, \qquad y = W \tag{3.28}$$

其中，$\boldsymbol{S}$ 是一個 2 × 2 的對角矩陣，對角線上的元素分別為 $\boldsymbol{S}^{(e)}$ 和 $\boldsymbol{S}^{(m)}$。$\boldsymbol{w}^{(r)}$ 為 $\boldsymbol{H}_z^{(r)}$ 和 $\boldsymbol{E}_z^{(r)}$ 的向量。聯立式（3.24）和式（3.27），有

$$\frac{\partial \boldsymbol{w}^{(t)}}{\partial y} = - i\boldsymbol{S}\boldsymbol{w}^{(t)}, \qquad y = 0 \tag{3.29}$$

其中，$\boldsymbol{w}^{(t)}$ 為 $\boldsymbol{H}_z^{(t)}$ 和 $\boldsymbol{E}_z^{(t)}$ 的向量。當 $y < 0$ 時，沒有入射波，只有透射波，所以總波場為 $\boldsymbol{w} = \boldsymbol{w}^{(t)}$，代入式（3.29）有

$$\frac{\partial \boldsymbol{w}}{\partial y} = - i\boldsymbol{S}\boldsymbol{w}, \qquad y = 0 \tag{3.30}$$

當 $y > W$ 時，既有入射波 $\boldsymbol{w}^{(i)}$ 也有反射波 $\boldsymbol{w}^{(r)}$，所以總波場為

$$\boldsymbol{w} = \boldsymbol{w}^{(i)} + \boldsymbol{w}^{(r)} \tag{3.31}$$

且入射波 $w^{(i)}$ 在 $y = W$ 也滿足

$$\frac{\partial \boldsymbol{w}^{(i)}}{\partial y} = - i\boldsymbol{S}\boldsymbol{w}^{(i)} \tag{3.32}$$

將式（3.31）和式（3.32）代入式（3.28），消去 $\boldsymbol{w}^{(r)}$ 得

$$\frac{\partial \boldsymbol{w}}{\partial y} = i\boldsymbol{S}\boldsymbol{w} - 2i\boldsymbol{S}\boldsymbol{w}^{(i)}, \qquad y = W \tag{3.33}$$

在定義邊界條件［式（3.30）和式（3.33）］時，我們假設 $y = 0$ 和 $y = W$ 都不是介質的界面。如果它們是介質的界面，邊界條件［式（3.30）和式（3.33）］可分別定義在 $y = 0^-$ 和 $y = W^+$ 上。

利用擬週期邊界條件［式（3.18）］，在 x 方向上只需要考慮區間 $[0, L]$。根據邊界條件［式（3.30）和式（3.33）］，在 y 方向上只

需要考慮區間 [0，W] 。在 z 方向上，完美匹配層將無窮區間截斷成有界區域 [$-W_2$，W_2] 。所以散射問題的計算區域為

$$\Omega = \{(x, y, z): 0 < x < L, 0 < y < W, -W_2 < z < W_2\} \tag{3.34}$$

利用上述結果，光子晶體平板三維結構的散射問題轉換為一個邊值問題。其控製方程為麥克斯韋方程組（1.10），區域為 Ω ，邊界條件為式（3.18）、式（3.30）、式（3.33），z 方向上的理想電導體邊界條件為式（2.71）和式（2.73）。

3.3 算子遞推法

本節介紹一種算子遞推法（Operator Marching Method）來求解邊值問題［式（1.10）、式（3.18）、式（3.30）和式（3.33）］。算子遞推法與散射矩陣法[50]類似。它最開始被用於聲波導問題的計算[51]，后來被應用於光波導[9,13]和二維光子晶體的計算[45-47]。算子遞推法的基本思想是將邊值問題轉化為算子的初值問題。其優點是可以充分利用結構的幾何特性，以大幅減少計算時間以及對計算機內存的需求[52]。

3.3.1 算子的定義

將計算區域如圖 3.2 所示分成若干子區域，分別記為

$$\Omega_1, \Omega_2, \cdots, \Omega_m$$

其中，m 是圓柱洞陣列的數量，圖 3.1 和圖 3.2 中 $m=5$。這些子區域在 x 方向上由平面 $x=0$ 和 $x=L$ 圍成，在 y 方向上被曲面 Γ_0，Γ_1，…，Γ_m 分割，即子區域 Ω_j 與 Ω_{j+1} 的交界面是 Γ_j，其中 $j=1, 2, \cdots, m-1$。Γ_0 表示平面 $y=0$，Γ_m 表示平面 $y=W$。這些子區域是三維的柱體，它們所有 6 種可能的截面如圖 3.3 所示。由於圖 3.1 和圖 3.2 中的光子晶體平板只有 5 個圓柱洞陣列，所以子區域的截面只出現了前 4 種。前面三種截面對應的子區域是正常子區域，它們的截面是凸的，且包含一個完整的圓柱洞。后面三種截面對應的子區域是非正常子區域，它們的截面不是凸的，且不包含一個完整的圓柱洞。

圖 3.3　子區域所有 6 種可能的截面圖

設 $\boldsymbol{v}$ 是界面 Γ_j（$j=0, 1, \cdots, m$）的單位法向量，且 y 分量為正。在界面 Γ_j 上定義算子 $\boldsymbol{Q}_j$ 和 $\boldsymbol{Y}_j$ 如下：

$$\boldsymbol{Q}_j \boldsymbol{w}_j = \frac{\partial \boldsymbol{w}_j}{\partial \boldsymbol{v}}, \qquad \boldsymbol{Y}_j \boldsymbol{w}_j = \boldsymbol{w}_0 \tag{3.35}$$

其中，$\boldsymbol{w}_j$ 表示 $\boldsymbol{w}$ 在界面 Γ_j 的值，$\frac{\partial \boldsymbol{w}_j}{\partial \boldsymbol{v}}$ 表示 $\boldsymbol{w}$ 在界面 Γ_j 上的法向導數值。$\boldsymbol{w}$ 為任意滿足麥克斯韋方程組（1.10），擬週期條件［式（3.18）］，以及邊界條件［式（3.30）］的 $\boldsymbol{H}_z$ 和 $\boldsymbol{E}_z$ 所構成的向量［式（3.16）］。注意邊界條件［式（3.33）］並沒有包含在上述算子的定義中，因此算子 $\boldsymbol{Q}_j$ 和 $\boldsymbol{Y}_j$ 的定義可適用於任何入射波所激發的波場。算子 $\boldsymbol{Q}_j$ 是一個全局 DtN 算子，它將 $\boldsymbol{w}$ 在 Γ_j 上的值映射到 $\boldsymbol{w}$ 在 Γ_j 上的法向導數值。算子 $\boldsymbol{Y}_j$ 是一個基本解算子，它將 $\boldsymbol{w}$ 在 Γ_j 上的值與 $\boldsymbol{w}$ 在 Γ_0 上的值聯繫起來。式（3.35）中，算子 $\boldsymbol{Q}_j$ 的定義需要假設界面 Γ_j 不是介質界面，否則 $\boldsymbol{w}$ 在界面 Γ_j 上的法向導數不連續。如果界面 Γ_j 是介質界面，需要用 $\boldsymbol{w}$ 在界面 Γ_j 上的單側法向導數值重新定義算子 $\boldsymbol{Q}_j$。數值計算時，算子 $\boldsymbol{Q}_j$ 和 $\boldsymbol{Y}_j$ 被近似成矩陣。

在界面 Γ_0（即 $y=0$），根據算子 $\boldsymbol{Q}_0$ 和 $\boldsymbol{Y}_0$ 的定義［式（3.35）］和邊界條件［式（3.30）］，得

$$\boldsymbol{Q}_0 = -i\boldsymbol{S}, \qquad \boldsymbol{Y}_0 = \boldsymbol{I} \tag{3.36}$$

其中，$\boldsymbol{I}$ 表示單位算子。如果算子在界面 Γ_m（即 $y=W$）的值 $\boldsymbol{Q}_m$ 和 $\boldsymbol{Y}_m$ 已知，根據邊界條件［式（3.33）］，有

$$(\boldsymbol{Q}_m - i\boldsymbol{S})\boldsymbol{w}_m = -2i\boldsymbol{S}\boldsymbol{w}^{(i)} \tag{3.37}$$

求解上式，可以得到電場和磁場的 z 分量在 $y=W$ 的值 w_m。減去入射波 $\boldsymbol{w}^{(i)}$ 可以求得反射波的值。透射波可由算子 $\boldsymbol{Y}_m$ 計算得到：

$$\boldsymbol{w}_0 = \boldsymbol{Y}_m \boldsymbol{w}_m \tag{3.38}$$

通過定義算子 $\boldsymbol{Q}_j$ 和 $\boldsymbol{Y}_j$，將原邊值問題轉化為算子 $\boldsymbol{Q}_j$ 和 $\boldsymbol{Y}_j$ 的初值問

題，即怎樣從初始條件［式（3.36）］求得算子 $\boldsymbol{Q}_m$ 和 $\boldsymbol{Y}_m$ 的值。

3.3.2 DtN 算子及遞推格式

要求解算子 $\boldsymbol{Q}_j$ 和 $\boldsymbol{Y}_j$ 的初值問題，最重要的就是找到它們從界面 Γ_{j-1} 到 Γ_j 的遞推關係。通過退化 DtN 算子，我們可以很容易地得到它們的遞推關係。定義界面 Γ_{j-1} 和 Γ_j 的退化 DtN 算子 $\boldsymbol{M}$：

$$\boldsymbol{M}\begin{bmatrix}\boldsymbol{w}_j\\ \boldsymbol{w}_{j-1}\end{bmatrix}=\begin{bmatrix}\boldsymbol{M}_{11} & \boldsymbol{M}_{12}\\ \boldsymbol{M}_{21} & \boldsymbol{M}_{22}\end{bmatrix}\begin{bmatrix}\boldsymbol{w}_j\\ \boldsymbol{w}_{j-1}\end{bmatrix}=\begin{bmatrix}\partial_v\boldsymbol{w}_j\\ \partial_v\boldsymbol{w}_{j-1}\end{bmatrix} \tag{3.39}$$

其中，$\boldsymbol{w}$ 為任意一個滿足麥克斯韋方程組（1.10）和擬週期條件［式（3.18）］的 $\boldsymbol{H}_z$ 和 $\boldsymbol{E}_z$ 所構成的向量。$\partial_v\boldsymbol{w}_{j-1}$ 和 $\partial_v\boldsymbol{w}_j$ 分別表示 $\boldsymbol{w}$ 在 Γ_{j-1} 和 Γ_j 的法向導數。退化 DtN 算子 $\boldsymbol{M}$ 將 $\boldsymbol{w}$ 在 Γ_{j-1} 和 Γ_j 上的值映射到 $\boldsymbol{w}$ 在 Γ_{j-1} 和 Γ_j 上的法向導數值。它是一個 2×2 的分塊算子。利用算子 $\boldsymbol{M}$，可以得到下列遞推格式：

$$Z=(\boldsymbol{Q}_{j-1}-\boldsymbol{M}_{22})^{-1}\boldsymbol{M}_{21} \tag{3.40a}$$

$$\boldsymbol{Q}_j=\boldsymbol{M}_{11}+\boldsymbol{M}_{12}Z \tag{3.40b}$$

$$\boldsymbol{Y}_j=\boldsymbol{Y}_{j-1}Z \tag{3.40c}$$

其中，$j=1,2,\cdots,m$。由遞推格式［式（3.40）］和初始條件［式（3.36）］，可求得算子 $\boldsymbol{Q}_m$ 和 $\boldsymbol{Y}_m$ 的值。

退化 DtN 算子 $\boldsymbol{M}$ 可利用子區域 Ω_j（$j=1,2,\cdots,m$）的 DtN 算子求得。設子區域 Ω_j 是正常子區域，它的 DtN 算子 Λ 定義如下

$$\Lambda\begin{bmatrix} \boldsymbol{w}_j \\ \boldsymbol{w}_{j-1} \\ \boldsymbol{w}|_{x=L} \\ \boldsymbol{w}|_{x=0} \end{bmatrix} = \begin{bmatrix} \Lambda_{11} & \Lambda_{12} & \Lambda_{13} & \Lambda_{14} \\ \Lambda_{21} & \Lambda_{21} & \Lambda_{23} & \Lambda_{24} \\ \Lambda_{31} & \Lambda_{32} & \Lambda_{33} & \Lambda_{34} \\ \Lambda_{41} & \Lambda_{42} & \Lambda_{43} & \Lambda_{44} \end{bmatrix}\begin{bmatrix} \boldsymbol{w}_j \\ \boldsymbol{w}_{j-1} \\ \boldsymbol{w}|_{x=L} \\ \boldsymbol{w}|_{x=0} \end{bmatrix} = \begin{bmatrix} \partial_v \boldsymbol{w}_j \\ \partial_v \boldsymbol{w}_{j-1} \\ \partial_x \boldsymbol{w}|_{x=L} \\ \partial_x \boldsymbol{w}|_{x=0} \end{bmatrix} \quad (3.41)$$

其中，$\boldsymbol{w}$ 為任意一個滿足麥克斯韋方程組（1.10）的 $\boldsymbol{H}_z$ 和 $\boldsymbol{E}_z$ 所構成的向量，$\boldsymbol{w}|_{x=L}$ 和 $\boldsymbol{w}|_{x=0}$ 分別表示 $\boldsymbol{w}$ 在 $x = L$ 和 $x = 0$ 的值，$\partial_x \boldsymbol{w}|_{x=L}$ 和 $\partial_x \boldsymbol{w}|_{x=0}$ 分別表示 $\boldsymbol{w}$ 在 $x = L$ 和 $x = 0$ 關於 x 的導數值。正常子區域 Ω_j 的 DtN 算子 Λ 將 $\boldsymbol{w}$ 在 Ω_j 邊界上的值映射到 $\boldsymbol{w}$ 在 Ω_j 邊界上的導數值。如果要求電磁場滿足擬週期條件［式（3.18）］，可以利用擬週期條件消去式（3.41）的最后兩行，求出退化 DtN 算子 $\boldsymbol{M}$：

$$\boldsymbol{M} = \begin{bmatrix} \boldsymbol{M}_{11} & \boldsymbol{M}_{12} \\ \boldsymbol{M}_{21} & \boldsymbol{M}_{22} \end{bmatrix} = \begin{bmatrix} \Lambda_{11} & \Lambda_{12} \\ \Lambda_{21} & \Lambda_{22} \end{bmatrix} + \begin{bmatrix} \boldsymbol{C}_1\boldsymbol{G}_1 & \boldsymbol{C}_1\boldsymbol{G}_2 \\ \boldsymbol{C}_2\boldsymbol{G}_1 & \boldsymbol{C}_2\boldsymbol{G}_2 \end{bmatrix} \quad (3.42)$$

其中，

$$\boldsymbol{C}_1 = \Lambda_{14} + \rho\Lambda_{13}, \qquad \boldsymbol{C}_2 = \Lambda_{24} + \rho\Lambda_{23}$$

$$\boldsymbol{G}_0 = \rho^2\Lambda_{43} - \rho\Lambda_{33} + \rho\Lambda_{44} - \Lambda_{34}$$

$$\boldsymbol{G}_1 = \boldsymbol{G}_0^{-1}(\Lambda_{31} - \rho\Lambda_{41}), \ \boldsymbol{G}_2 = \boldsymbol{G}_0^{-1}(\Lambda_{32} - \rho\Lambda_{42})$$

數值計算時，DtN 算子 Λ 被近似成一個矩陣。由於電磁場在正常子區域內的通解可以解析寫出來，它的 DtN 算子的矩陣近似可以很容易構造。

對於含有兩個半圓柱洞的不正常子區域，其 DtN 算子很難構造。但其遞推公式［式（3.40）］只需要退化 DtN 算子 $\boldsymbol{M}$，且不正常子區域的退化 DtN 算子可以由正常子區域的退化算子計算出來。如圖 3.4 所示，在區間 $x \in [0, L]$ 內是一個不正常子區域 Ω_j，在區間 $x \in [0.5L, 1.5L]$ 內是一個與之相對應的正常子區域 Ω_j'。假設子區域 Ω_j 和 Ω_j' 的退化 DtN 算子分別為 $\boldsymbol{M}$ 和 $\boldsymbol{M}'$，且 $\boldsymbol{M}'$ 為已知。為了從退化 DtN 算子 $\boldsymbol{M}'$ 計算出退化 DtN 算子 $\boldsymbol{M}$，我們比較子區域 Ω_j 的上邊界 Γ_j 和 Ω_j' 的上邊界 Γ_j'。注意到，Γ_j 與 Γ_j' 在區間 $x \in [0.5L, L]$ 上是重合的，所以函數 $\boldsymbol{w}$ 在界面 Γ_j 與 Γ_j' 上對應區間 $x \in [0.5L, L]$ 部分的值是一樣的。此外，Γ_j' 在區間 $x \in [L, 1.5L]$ 上的部分可由 Γ_j 在區間 $x \in [0, 0.5L]$ 部分向右平移距離 L 得到。根據擬週期條件［式（3.18）］，函數 $\boldsymbol{w}$ 在界面 Γ_j' 對應於區間 $x \in [L, 1.5L]$ 上的值可以與函數 $\boldsymbol{w}$ 在界面 Γ_j 對應於區間 $x \in [0, 0.5L]$ 上的值聯繫起來。子區域 Ω_j 的下邊界 Γ_{j-1} 和 Ω_j' 的下邊界 Γ_{j-1}' 也有類似的關係。函數 $\boldsymbol{w}$ 在界面 Γ_j' 和 Γ_j 以及 Γ_{j-1}' 和 Γ_{j-1} 上的值之間的關係可以總結為

$$\boldsymbol{w}_j' = \boldsymbol{T}\boldsymbol{w}_j, \qquad \boldsymbol{w}_{j-1}' = \boldsymbol{T}\boldsymbol{w}_{j-1} \tag{3.43}$$

其中，$\boldsymbol{w}_j'$ 表示 $\boldsymbol{w}$ 在界面 Γ_j' 上的值，$\boldsymbol{w}_j$，$\boldsymbol{w}_{j-1}'$ 和 $\boldsymbol{w}_{j-1}$ 的含義類似，

$$\boldsymbol{T} = \begin{bmatrix} 0 & \boldsymbol{I} \\ \rho\boldsymbol{I} & 0 \end{bmatrix}, \qquad \rho = e^{i\alpha_0 L} \tag{3.44}$$

同理，$\boldsymbol{w}$ 在界面 Γ_j' 和 Γ_j 以及 Γ_{j-1}' 和 Γ_{j-1} 上的法向導數值之間也滿足式（3.43）。將式（3.43）代入式（3.39），得不正常子區域 Ω_j 的退化 DtN 算子 $\boldsymbol{M}$ 為

$$\boldsymbol{M} = \begin{bmatrix} \boldsymbol{T} & 0 \\ 0 & \boldsymbol{T} \end{bmatrix}^{-1} \boldsymbol{M}' \begin{bmatrix} \boldsymbol{T} & 0 \\ 0 & \boldsymbol{T} \end{bmatrix} \tag{3.45}$$

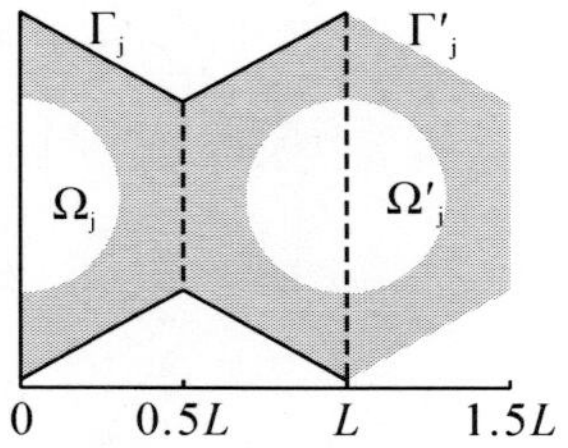

圖 3.4 不正常子區域的橫截面以及在 x 方向上的延拓

3.4 算子的垂直模式表示

實際數值計算時，將 $\boldsymbol{H}_z$ 和 $\boldsymbol{E}_z$ 分別展開為橫電波垂直模式和橫磁波垂直模式，然后將子區域 Ω_j 的 xy 截面的邊界進行離散后，所有的算子 $\boldsymbol{S}$，$\boldsymbol{Q}_j$，$\boldsymbol{Y}_j$，$\boldsymbol{M}$ 和 Λ 都會被近似為矩陣。這些算子都作用於物理量，即電磁場。由於電磁場平板波導可以展開為垂直模式的線性組合。知道線性組合的系數就知道了電磁場，反之亦然。所以物理空間中的電磁場與線性組合的系數空間是一一對應的。從而，我們可以定義上述物理空間算子在系數空間中對應的算子。這樣做的好處是在本章第七節可以應用模式選擇法來減少計算量。本節介紹物理空間中的算子在系數空間的表示。

在 z 方向，用完美匹配層截斷后，橫電波和橫磁波的垂直模式被近似成特徵值問題［式（2.71）和式（2.73）］。這些特徵值問題有無限可數個特徵值和特徵函數，記橫電波垂直模式和相應的波數為

$$\{u_j(z),\ \eta_j^{(e)}\},\qquad j=1,\ 2,\ \cdots \tag{3.46}$$

橫磁波垂直模式為

$$\{w_j(z),\ \eta_j^{(m)}\},\qquad j=1,\ 2,\ \cdots \tag{3.47}$$

令 Σ 為一個平行 z 軸的曲面，算子 $\boldsymbol{A}$ 是一個作用於函數 $\boldsymbol{w}$ 在曲面 Σ 上的值的算子。通過將 $\boldsymbol{H}_z$ 、$n^2(z)\boldsymbol{E}_z$ 以及 $\boldsymbol{Aw}$ 展開為垂直模式，可以將變量 z 消去。具體過程如下。將 $\boldsymbol{H}_z$ 和 $n^2(z)\boldsymbol{E}_z$ 展開為垂直模式：

$$\boldsymbol{H}_z(x,\ y,\ z)=\sum_{j=1}^{\infty}\tilde{\boldsymbol{H}}_{z,\ j}(x,\ y)\,u_j(z) \tag{3.48}$$

$$\boldsymbol{E}_z(x,\ y,\ z)=\frac{1}{n^2(z)}\sum_{j=1}^{\infty}\tilde{\boldsymbol{E}}_{z,\ j}(x,\ y)\,w_j(z) \tag{3.49}$$

假設

$$\boldsymbol{Aw}=\begin{bmatrix} g \\ t \end{bmatrix} \tag{3.50}$$

類似地，函數 g 和 t 可以展開為垂直模式：

$$g(x,\ y,\ z)=\sum_{j=1}^{\infty}\tilde{g}_j(x,\ y)\,u_j(z) \tag{3.51}$$

$$t(x,\ y,\ z)=\sum_{j=1}^{\infty}\tilde{t}_j(x,\ y)\,w_j(z) \tag{3.52}$$

在式（3.48）到式（3.52）中，函數 $\tilde{\boldsymbol{H}}_{z,\ j}$，$\tilde{\boldsymbol{E}}_{z,\ j}$，$\tilde{g}_j$ 和 $\tilde{t}_j$ 定義在曲面 Σ 與平面 xy 相交的曲線上。

將式（3.48）、式（3.49）、式（3.51）和式（3.52）代入式（3.50），利用垂直模式的正交關係，可定義算子 $\tilde{\boldsymbol{A}}$ 如下：

$$\tilde{\boldsymbol{A}}\tilde{\boldsymbol{w}} = \begin{bmatrix} \tilde{g}_1 \\ \tilde{g}_2 \\ \vdots \\ \tilde{t}_1 \\ \tilde{t}_2 \\ \vdots \end{bmatrix} \tag{3.53}$$

其中，

$$\tilde{\boldsymbol{w}} = \begin{bmatrix} \tilde{\boldsymbol{H}}_{z,1} \\ \tilde{\boldsymbol{H}}_{z,2} \\ \vdots \\ \tilde{\boldsymbol{E}}_{z,1} \\ \tilde{\boldsymbol{E}}_{z,2} \\ \vdots \end{bmatrix} \tag{3.54}$$

算子 $\tilde{\boldsymbol{A}}$ 是算子 $\boldsymbol{A}$ 的垂直模式表示，即算子 $\tilde{\boldsymbol{A}}$ 相當於算子 $\boldsymbol{A}$ 在垂直模式上的展開系數。注意算子 $\boldsymbol{A}$ 作用於物理量，算子 $\tilde{\boldsymbol{A}}$ 作用於物理量展開為垂直模式后的系數。算子 $\boldsymbol{A}$ 將物理量 $\boldsymbol{w}$ 映射到另一個物理量 $[g, t]^T$，而算子 $\tilde{\boldsymbol{A}}$ 將物理量 $\boldsymbol{w}$ 在垂直模式展開后的系數 $\tilde{\boldsymbol{w}}$ 映射到物理量 $[g, t]^T$ 在垂直模式展開后的系數。算子 $\boldsymbol{A}$ 和 $\tilde{\boldsymbol{A}}$ 具有同樣的含義，只是作用於不同的空間。在實際數值計算時，如果分別保留 J_1 和 J_2 個橫電波垂直模式和橫磁波垂直模式，則算子 $\tilde{\boldsymbol{A}}$ 是一個 $J \times J$ 的分塊算子，

其中 $J = J_1 + J_2$。

通過垂直模式展開，邊界條件［式（3.30）和式（3.33）］中的算子 $\boldsymbol{S}$ 可替代為一個系數空間中的對角算子 $\tilde{\boldsymbol{S}}$，即

$$\tilde{\boldsymbol{S}} = \begin{bmatrix} \tilde{\boldsymbol{S}}_{11}^{(e)} & & & & & \\ & \tilde{\boldsymbol{S}}_{22}^{(e)} & & & & \\ & & \ddots & & & \\ & & & \tilde{\boldsymbol{S}}_{11}^{(m)} & & \\ & & & & \tilde{\boldsymbol{S}}_{22}^{(m)} & \\ & & & & & \ddots \end{bmatrix} \tag{3.55}$$

其中，對角線上的線性算子 $\tilde{\boldsymbol{S}}_{jj}^{(e)}$ 和 $\tilde{\boldsymbol{S}}_{jj}^{(m)}$ 作用於在 x 方向上為擬週期的函數，即

$$\tilde{\boldsymbol{S}}_{jj}^{(p)} \exp(i\alpha_k x) = \beta_{jk}^{(p)} \exp(i\alpha_k x), \qquad k = 0, \pm 1, \pm 2, \cdots \tag{3.56}$$

其中，$p = e$ 或 m 分別對應於橫電波和橫磁波，$\beta_{jk}^{(p)}$ 由式（3.8）定義。如果將 x 在區間 $[0, L]$ 上離散成 N 個離散點，算子 $\tilde{\boldsymbol{S}}_{jj}^{(p)}$ 可被近似成 $N \times N$ 矩陣。矩陣的特徵值為 $\beta_{jk}^{(p)}$，特徵向量為函數 $\exp(i\alpha_k x)$ 在 N 個離散點的值。如果 k 為偶數，則滿足 $-N/2 \leq k < N/2$；如果為奇數，則滿足 $|k| \leq (N-1)/2$。

同理，物理空間算子 $\boldsymbol{Q}_j$，$\boldsymbol{Y}_j$，$\boldsymbol{M}$ 和 Λ 都可以用垂直模式展開后的系數空間算子 $\tilde{\boldsymbol{Q}}_j$，$\tilde{\boldsymbol{Y}}_j$，$\tilde{\boldsymbol{M}}$ 和 $\tilde{\Lambda}$ 替代。如果所有算子都被替代為系數空間算子，$\boldsymbol{w}$ 替換成 $\tilde{\boldsymbol{w}}$ 后，式（3.36）到式（3.45）依然成立。本章的數值計算方法也適用於系數空間。

3.5 正常子區域 DtN 算子的構造

本節通過構造電磁場在正常子區域內的解析解，來近似計算正常子區域的 DtN 算子 $\tilde{\Lambda}$。由於正常子區域含有一個完整的圓柱洞，所以此處考慮只有一個圓柱洞的平板波導（如圖 3.5 所示）。以圓柱洞的中心為原點，考慮柱面坐標 $\{r, \theta, z\}$。電磁場在此結構的解可以通過分離變量法展開為 z 方向的垂直模式和 $r\theta$ 平面上的柱面波乘積的線性組合。

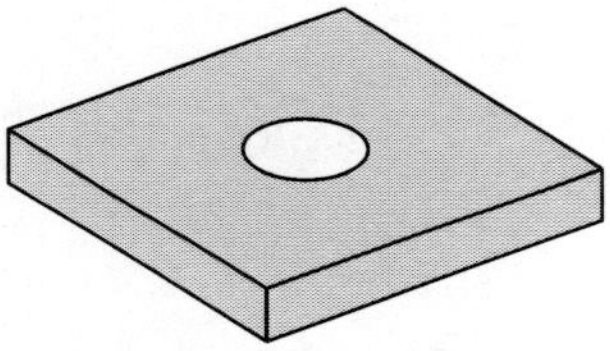

圖 3.5　只有一個圓柱洞的平板波導

只有一個圓柱洞的平板波導圖 3.5 的折射率與 θ 無關，所以電磁場可以展開成 θ 的傅里葉級數

$$\boldsymbol{w}(r, \theta, z) = \sum_{l=-\infty}^{\infty} \boldsymbol{w}_l(r, \theta)\, e^{il\theta} \tag{3.57}$$

其中，

$$\boldsymbol{w}_l(r, \theta) = \begin{bmatrix} \boldsymbol{H}_{z, l}(r, z) \\ \\ \boldsymbol{E}_{z, l}(r, z) \end{bmatrix} \tag{3.58}$$

當 $r > a$ 時，利用分離變量法，可知第 l 個傅里葉級數的系數函數

$\boldsymbol{w}_l(r,\ \theta)$ 可展開為 z 方向上的垂直模式和 r 方向上的貝塞爾函數乘積的線性組合

$$\boldsymbol{H}_{z,\ l}(r,\ z) = \sum_{j=1}^{\infty} [a_{jl}^{(e)} J_l(\eta_j^{(e)} r) + b_{jl}^{(e)} H_l^{(1)} (\eta_j^{(e)} r)] u_j(z) \tag{3.59a}$$

$$\boldsymbol{E}_{z,\ l}(r,\ z) = \frac{1}{n^2(z)} \sum_{j=1}^{\infty} [a_{jl}^{(m)} J_l(\eta_j^{(m)} r) + b_{jl}^{(m)} H_l^{(1)} (\eta_j^{(m)} r)] w_j(z) \tag{3.59b}$$

其中，函數 J_l 和 $H_l^{(1)}$ 分別為第一類 l 階貝塞爾函數和漢克爾函數，$a_{jl}^{(p)}$ 和 $b_{jl}^{(p)}$（$p = e$ 或 m）為常系數。

當 $r < a$ 時，在圓柱洞內傅里葉級數的系數函數 $\boldsymbol{w}_l(r,\ \theta)$ 也可以展開為 z 方向上的垂直模式和 r 方向上的貝塞爾函數乘積的線性組合。令 $n_h(z)$ 表示圓柱洞內折射率關於 z 的函數，圓柱洞內的橫電波和橫磁波垂直模式分別為

$$\{u_{h,\ j}(z),\ \eta_{h,\ j}^{(e)}\} \text{ 和 } \{w_{h,\ j}(z),\ \eta_{h,\ j}^{(m)}\},\qquad j = 1,\ 2,\ \cdots$$

從而當 $r < a$ 時，有

$$\boldsymbol{H}_{z,\ l}(r,\ z) = \sum_{j=1}^{\infty} c_{jl}^{(e)} J_l(\eta_{h,\ j}^{(e)} r) u_{h,\ j}(z) \tag{3.60a}$$

$$\boldsymbol{E}_{z,\ l}(r,\ z) = \frac{1}{n_h^2(z)} \sum_{j=1}^{\infty} c_{jl}^{(m)} J_l(\eta_{h,\ j}^{(m)} r) w_{h,\ j}(z) \tag{3.60b}$$

其中，$c_{jl}^{(p)}$（$p = e$ 或 m）為常系數。

根據電磁場在介質界面上的邊界條件［式（1.11）］，電磁場的 z 分量在界面 $r = a$ 上連續，即 $\boldsymbol{w}$ 在 $r = a$ 上連續，也即 $\boldsymbol{w}$ 的傅里葉展開系數函數 $\boldsymbol{w}_l(r,\ \theta)$ 在 $r = a$ 上連續。將連續性用於連接式（3.59）和式

(3.60)，可以得到系數 $a_{jl}^{(p)}$ ，$b_{jl}^{(p)}$ 和 $c_{jl}^{(p)}$ 之間的關係：

$$\boldsymbol{B}_{11}\boldsymbol{a}_l + \boldsymbol{B}_{12}\boldsymbol{b}_l = \boldsymbol{B}_{13}\boldsymbol{c}_l \tag{3.61}$$

其中，$-\infty < l < \infty$，則

$$\boldsymbol{a}_l = \begin{bmatrix} a_{1,l}^{(e)} \\ a_{2,l}^{(e)} \\ \vdots \\ a_{1,l}^{(m)} \\ a_{2,l}^{(m)} \\ \vdots \end{bmatrix}, \quad \boldsymbol{b}_l = \begin{bmatrix} b_{1,l}^{(e)} \\ b_{2,l}^{(e)} \\ \vdots \\ b_{1,l}^{(m)} \\ b_{2,l}^{(m)} \\ \vdots \end{bmatrix}, \quad \boldsymbol{c}_l = \begin{bmatrix} c_{1,l}^{(e)} \\ c_{2,l}^{(e)} \\ \vdots \\ c_{1,l}^{(m)} \\ c_{2,l}^{(m)} \\ \vdots \end{bmatrix} \tag{3.62}$$

實際計算時，設式（3.59）和式（3.60）中分別有 J_1 和 J_2 個橫電波和橫磁波垂直模式。用第二章中的三點四階差分格式計算垂直模式時，有 $J_2 = J_1 + 1$。此時矩陣 $\boldsymbol{B}_{11}$，$\boldsymbol{B}_{12}$ 和 $\boldsymbol{B}_{13}$ 是 $J \times J$ 的矩陣（$J = J_1 + J_2$），且都可以寫成 2×2 的對角分塊矩陣。以 $\boldsymbol{B}_{11}$ 為例，它可以寫成

$$\boldsymbol{B}_{11} = \begin{bmatrix} \boldsymbol{B}_{11}^{(1)} & \\ & \boldsymbol{B}_{11}^{(2)} \end{bmatrix}$$

其中，$\boldsymbol{B}_{11}^{(1)}$ 和 $\boldsymbol{B}_{11}^{(2)}$ 分別為 $J_1 \times J_1$ 和 $J_2 \times J_2$ 的矩陣。矩陣 $\boldsymbol{B}_{11}^{(1)}$ 的第 (j, k) 個元素為 $J_l(\eta_j^{(e)} a) u_j(z_k^{(e)})$，$z_k^{(e)}$ 為橫電波垂直模式在 z 方向的第 k 個離散點。矩陣 $\boldsymbol{B}_{11}^{(2)}$ 的第 (j, k) 個元素為 $J_l(\eta_j^{(m)} a) w_j(z_k^{(m)})$，$z_k^{(m)}$ 為橫磁波垂直模式在 z 方向的第 k 個離散點。

根據電磁場在介質界面上的邊界條件［式（1.11）］，電磁場的 θ

分量在界面 $r = a$ 上也連續。利用此連續條件，可以得到系數 $a_{jl}^{(p)}$，$b_{jl}^{(p)}$ 和 $c_{jl}^{(p)}$ 之間的另一個關係。將電磁場 θ 分量展開為 θ 的傅里葉級數

$$\begin{bmatrix} \boldsymbol{H}_{\theta}(r,\ \theta,\ z) \\ \boldsymbol{E}_{\theta}(r,\ \theta,\ z) \end{bmatrix} = \sum_{l=-\infty}^{\infty} \begin{bmatrix} \boldsymbol{H}_{\theta,\ l}(r,\ z) \\ \boldsymbol{H}_{\theta,\ l}(r,\ z) \end{bmatrix} e^{il\theta} \tag{3.63}$$

當 $r > a$ 時，在平板波導中電磁場可以寫成橫電波［式（2.15）］和橫磁波［式（2.18）］的線性組合[40-42]。將式（2.15）和式（2.18）寫成柱面坐標，並利用式（3.59），有

$$\boldsymbol{H}_{\theta,\ l}(r,\ z) = \frac{il}{r}\sum_{j=1}^{\infty}$$

$$\frac{1}{[\eta_j^{(e)}]^2}[a_{jl}^{(e)} J_l(\eta_j^{(e)} r) + b_{jl}^{(e)} H_l^{(1)}(\eta_j^{(e)} r)]\, u_j'(z)$$

$$+ ik_0 \sum_{j=1}^{\infty} \frac{1}{\eta_j^{(m)}}[a_{jl}^{(m)} J_l'(\eta_j^{(m)} r) + b_{jl}^{(m)} H_l^{(1)\prime}(\eta_j^{(m)} r)]\, w_j(z)$$

（3.64a）

$$\boldsymbol{E}_{\theta,\ l}(r,\ z) = - ik_0 \sum_{j=1}^{\infty}$$

$$\frac{1}{\eta_j^{(e)}}[a_{jl}^{(e)} J_l'(\eta_j^{(e)} r) + b_{jl}^{(e)} H_l^{(1)\prime}(\eta_j^{(e)} r)]\, u_j(z)$$

$$+ \frac{il}{rn^2(z)}\sum_{j=1}^{\infty}$$

$$\frac{1}{[\eta_j^{(m)}]^2}[a_{jl}^{(m)} J_l(\eta_j^{(m)} r) + b_{jl}^{(m)} H_l^{(1)}(\eta_j^{(m)} r)]\, w_j'(z)$$

（3.64b）

同理，當 $r < a$ 時，圓柱洞內電磁場 θ 分量傅里葉級數的系數函數可寫成

$$\boldsymbol{H}_{\theta,\,l}(r,\ z) = \frac{il}{r}\sum_{j=1}^{\infty}\frac{1}{[\eta_{h,\,j}^{(e)}]^2}c_{jl}^{(e)}J_l(\eta_{h,\,j}^{(e)}r)\,u_{h,\,j}'(z)$$

$$+\,ik_0\sum_{j=1}^{\infty}\frac{1}{\eta_{h,\,j}^{(m)}}c_{jl}^{(m)}J_l'(\eta_{h,\,j}^{(m)}r)\,w_{h,\,j}(z) \tag{3.65a}$$

$$\boldsymbol{E}_{\theta,\,l}(r,\ z) = -\,ik_0\sum_{j=1}^{\infty}\frac{1}{\eta_{h,\,j}^{(e)}}c_{jl}^{(e)}J_l'(\eta_{h,\,j}^{(e)}r)\,u_{h,\,j}(z)$$

$$+\,\frac{il}{rn^2(z)}\sum_{j=1}^{\infty}\frac{1}{[\eta_{h,\,j}^{(m)}]^2}c_{jl}^{(m)}J_l(\eta_{h,\,j}^{(m)}r)\,w_{h,\,j}'(z) \tag{3.65b}$$

利用 $\boldsymbol{H}_{\theta,\,l}(r,\ z)$ 和 $\boldsymbol{E}_{\theta,\,l}(r,\ z)$ 在 $r = a$ 上的連續條件連接式（3.64）和式（3.65），得系數 $a_{jl}^{(p)}$，$b_{jl}^{(p)}$ 和 $c_{jl}^{(p)}$ 之間的另一個關係

$$\boldsymbol{B}_{21}\boldsymbol{a}_l + \boldsymbol{B}_{22}\boldsymbol{b}_l = \boldsymbol{B}_{23}\boldsymbol{c}_l \tag{3.66}$$

與式（3.61）一樣，離散后矩陣 $\boldsymbol{B}_{21}$，$\boldsymbol{B}_{22}$ 和 $\boldsymbol{B}_{23}$ 被近似為 $J \times J$ 的矩陣，它們的元素由式（3.64）和式（3.65）中對應的項在 z 方向上離散點的值給出。

由式（3.61）和式（3.66）可知，在正常子區域內，電磁場的解析解［式（3.59）和式（3.60）］中只有一組系數是獨立的。假設系數 $a_{jl}^{(p)}$ 為獨立的，則其他兩組系數可由式（3.61）和式（3.66）解得，即

$$\boldsymbol{b}_l = -\,(\boldsymbol{B}_{13}^{-1}\boldsymbol{B}_{12} - \boldsymbol{B}_{23}^{-1}\boldsymbol{B}_{22})^{-1}(\boldsymbol{B}_{13}^{-1}\boldsymbol{B}_{11} - \boldsymbol{B}_{23}^{-1}\boldsymbol{B}_{21})\,\boldsymbol{a}_l \tag{3.67a}$$

$$\boldsymbol{c}_l = -\,(\boldsymbol{B}_{12}^{-1}\boldsymbol{B}_{13} - \boldsymbol{B}_{22}^{-1}\boldsymbol{B}_{23})^{-1}(\boldsymbol{B}_{12}^{-1}\boldsymbol{B}_{11} - \boldsymbol{B}_{22}^{-1}\boldsymbol{B}_{21})\,\boldsymbol{a}_l \tag{3.67b}$$

利用電磁場在正常子區域內的解析解［式（3.57）、式（3.58）和

式（3.59）］可以很容易地計算出正常子區域的 DtN 算子 Λ。由於實際計算時，用 DtN 算子的垂直模式表示，所以先將解［式（3.57）、式（3.58）和式（3.59）］改寫成

$$\boldsymbol{H}_z(r,\ \theta,\ z) = \sum_{j=1}^{\infty} \tilde{\boldsymbol{H}}_{z,\ j}(r,\ \theta)\, u_j(z) \tag{3.68a}$$

$$\boldsymbol{E}_z(r,\ \theta,\ z) = \frac{1}{n^2(z)} \sum_{j=1}^{\infty} \tilde{\boldsymbol{E}}_{z,\ j}(r,\ \theta)\, w_j(z) \tag{3.68b}$$

其中，

$$\tilde{\boldsymbol{H}}_{z,\ j}(r,\ \theta) = \sum_{l=-\infty}^{\infty} [a_{jl}^{(e)}\, J_l(\eta_j^{(e)}\, r) + b_{jl}^{(e)}\, H_l^{(1)}\, (\eta_j^{(e)}\, r)\,]\, e^{il\theta} \tag{3.69a}$$

$$\tilde{\boldsymbol{E}}_{z,\ j}(r,\ \theta) = \sum_{l=-\infty}^{\infty} [a_{jl}^{(m)}\, J_l(\eta_j^{(m)}\, r) + b_{jl}^{(m)}\, H_l^{(1)}\, (\eta_j^{(m)}\, r)\,]\, e^{il\theta} \tag{3.69b}$$

設 Σ 為正常子區域的側面邊界，Σ^0 為 Σ 與 xy 平面的相交曲線。將 Σ^0 離散成 K 個離散點，記為 x_1，x_2，…，x_K。在展開式（3.68a）和式（3.68b）中分別保留 J_1 和 J_2 項，即取 $1 \le j \le J_1$ 和 $1 \le j \le J_2$。在展開式（3.69）中保留 K 項，即當 K 為偶數時取 $-K/2 \le l < K/2$，當 K 為奇數時取 $|l| \le (K-1)/2$。將離散點 x_1，x_2，…，x_K 代入式（3.69），並注意到系數之間的關係式（3.67a），有

$$\tilde{\boldsymbol{w}} = \boldsymbol{F}\boldsymbol{a} \tag{3.70}$$

根據式（3.54），$\tilde{\boldsymbol{w}}$ 為 $\tilde{\boldsymbol{H}}_{z,\ j}(r,\ \theta)$ 和 $\tilde{\boldsymbol{E}}_{z,\ j}(r,\ \theta)$ 在 K 個離散點上的值構成的向量，$\boldsymbol{a}$ 由所有 $a_{jl}^{(p)}$ 系數組成，$\boldsymbol{F}$ 為矩陣。向量 $\tilde{\boldsymbol{w}}$ 和 $\boldsymbol{a}$ 的長度為 JK，矩陣 $\boldsymbol{F}$ 的大小為 $(JK) \times (JK)$。通過式（3.70），可以將電磁場的 z 分量在正常子區域側面邊界上的值與系數 $\boldsymbol{a}$ 聯繫起來。

設 $\nu(x_k)$ 為曲線 Σ^0 的法向量在 K 個離散點上的值，其中 $k=1, 2, \cdots, K$。由式（3.69）計算 $\tilde{\boldsymbol{H}}_{z,j}(r, \theta)$ 和 $\tilde{\boldsymbol{E}}_{z,j}(r, \theta)$ 在曲線 Σ^0 上 K 個離散點的法向導數值，並利用系數之間的關係式（3.67a），得

$$\frac{\partial \tilde{\boldsymbol{w}}}{\partial v} = \boldsymbol{G}\boldsymbol{a} \tag{3.71}$$

其中，$\dfrac{\partial \tilde{\boldsymbol{w}}}{\partial \nu}$ 為 $\tilde{\boldsymbol{H}}_{z,j}(r, \theta)$ 和 $\tilde{\boldsymbol{E}}_{z,j}(r, \theta)$ 在 K 個離散點上的法向導數值構成的向量，$\boldsymbol{G}$ 是一個大小為 $(JK) \times (JK)$ 的矩陣。通過式（3.71），可以將電磁場的 z 分量在正常子區域側面邊界上的法向導數值與系數 $\boldsymbol{a}$ 聯繫起來。聯立式（3.70）和（3.71），消去 $\boldsymbol{a}$，得到電磁場的 z 分量在正常子區域側面邊界上的法向導數值與函數值之間的關係：

$$\frac{\partial \tilde{\boldsymbol{w}}}{\partial \nu} = \boldsymbol{G}\boldsymbol{F}^{-1}\tilde{\boldsymbol{w}} \tag{3.72}$$

從而，子區域的 DtN 算子 $\tilde{\boldsymbol{A}}$ 可用矩陣近似為

$$\tilde{\boldsymbol{A}} = \boldsymbol{G}\boldsymbol{F}^{-1} \tag{3.73}$$

得到算子 $\tilde{\boldsymbol{A}}$ 的值后，就可以通過式（3.42）計算出退化 DtN 算子 $\tilde{\boldsymbol{M}}$，不正常子區域的退化算子可由式（3.45）得到。然后從初始值［式（3.36）］出發，利用遞推格式［式（3.40）］，計算出算子 $\tilde{\boldsymbol{Q}}_m$ 和 $\tilde{\boldsymbol{Y}}_m$ 的值。最后，根據式（3.37）和式（3.38）計算出反射波和透射波在式（3.7）和式（3.15）展開中的系數，進而求解反射波和透射波。注意：在將算子 $\boldsymbol{Q}_m$ 和 $\boldsymbol{S}$ 替換成 $\tilde{\boldsymbol{Q}}_m$ 和 $\tilde{\boldsymbol{S}}$ 后，入射波 $\boldsymbol{w}^{(i)}$ 也需要表示成垂直模式。如果入射波為式（3.1），則 $\boldsymbol{w}^{(i)}$ 的垂直模式表示為 $\tilde{\boldsymbol{w}}^{(i)}$。$\tilde{\boldsymbol{w}}^{(i)}$ 是一個前 K 個元素為 $\exp(i\alpha_0\boldsymbol{x})$，其他元素為零的向量。其中，$\boldsymbol{x}$ 為離散點

x_1，x_2，…，x_K 構成的向量。如果入射波為式（3.4），則 $\boldsymbol{w}^{(i)}$ 的垂直模式表示 $\tilde{\boldsymbol{w}}^{(i)}$ 是一個第 J_1K+1 到第 J_1K+K 個元素為 $\exp(i\alpha_0\boldsymbol{x})$，其他元素為零的向量。

3.6　數值實驗

為驗證上述算法的有效性，本節考慮三個數值算例。第一個算例為如圖 3.1 所示的光子晶體平板結構。平板的折射率和厚度分別為 $n_2 = 3.5$ 和 $d = 0.6L$。L 為三維光子晶體的晶格常數。平板由真空包圍，平板上的圓柱洞半徑為 $a = 0.3L$。完整光子晶體平板的光子帶隙曾由平面波展開法計算過[37]，這裡我們考慮有限個圓柱洞陣列的散射問題。數值計算時，z 方向被完美匹配層截斷為區間 $[-3.3L, 3.3L]$，即 $W_2 = 3.3L$。完美匹配層的厚度為 $0.6L$，即 $W_1 = 2.7L$。具體形式如式（2.70），其中

$$m = 4, \qquad \sigma_* = \frac{60\lambda}{\pi L}$$

用第二章第四節中的四階差分格式計算垂直模式，此外，用 $J_1 = 43$ 個點離散橫電波垂直模式，用 $J_2 = 44$ 個點離散橫磁波垂直模式，所以總共有 $J = 87$ 個垂直模式。根據式（3.73）構造 DtN 算子 $\tilde{\Lambda}$ 時，只需要離散正常子區域在 xy 平面上截面（如圖 3.3 中的一個區域）的邊界。每條邊用 7 個點離散，總共有 42 個離散點，即 $K = 42$。對曲面 Γ_0 與 xy 平面的交線，即線段 $0 < x < L$，$y = 0$，$z = 0$，用 12 個點離散。從而 DtN 算子 $\tilde{\Lambda}$ 被近似成

一個 3, 654 × 3, 654 的矩陣，算子 $\tilde{\boldsymbol{Q}}_j$ 和 $\tilde{\boldsymbol{Y}}_j$（$0 \leq j \leq m$）被近似成大小為 1, 218 × 1, 218 的矩陣。在求解過程中，計算量最大的一步是計算 DtN 算子 $\tilde{\Lambda}$，需要求解一個 3, 654 × 3, 654 的線性方程組。在入射角度為 $\theta_{1,0}^{(e)} = \pi/6$ 的入射波［式（3. 1）］下，3 個、5 個和 7 個圓柱洞陣列的透射譜和反射譜如圖 3. 6 所示。從圖 3. 6 中可知，隨著圓柱洞陣列的數量越來越多，在頻率區間 [0. 25，0. 33] 內，入射波幾乎全部被反射，透射波幾乎為零。也就是這個頻率內的入射波不能穿透這些圓柱洞陣列，從而形成光子帶隙。通過圓柱洞陣列在 z 方向輻射出去的能量（即損失的能量）與入射波的能量之比被稱為面外能量損失比（如圖 3. 7 所示）。當入射波的頻率落在區間 [0. 22，0. 33] 內時，幾乎沒有面外能量損失。根據能量守恒，反射能量、透射能量與面外能量損失之和應該等於入射能量。

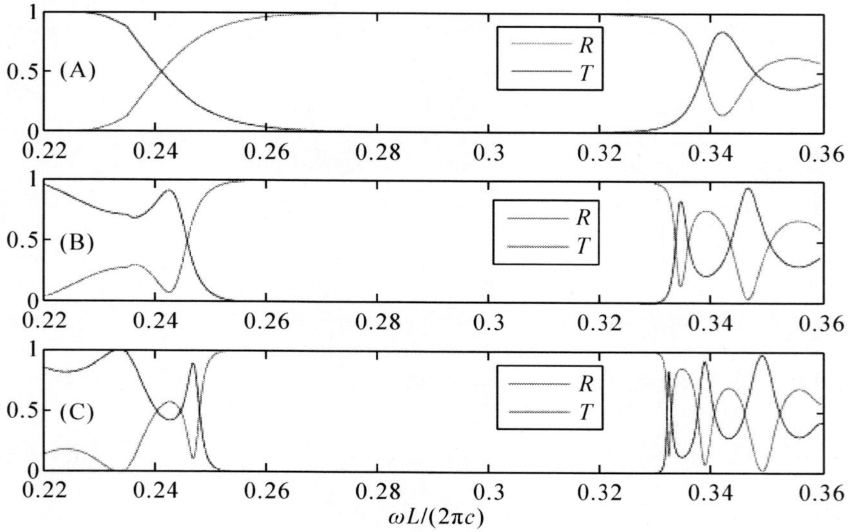

圖 3. 6　第一個數值算例中不同數量圓柱洞陣列的透射譜和反射譜

（A）為 3 個圓柱洞陣列；（B）為 5 個圓柱洞陣列；（C）為 7 個圓柱洞陣列。

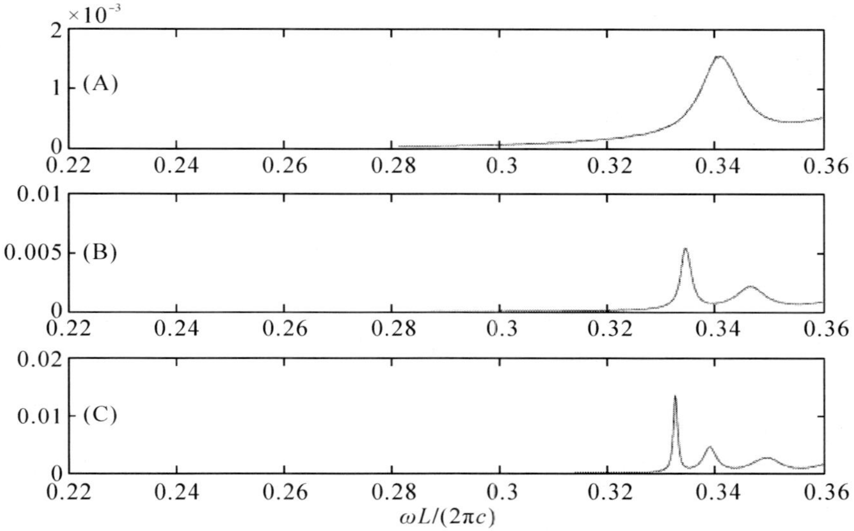

圖 3.7　第一個數值算例中不同數量圓柱洞陣列面外能量損失比

（A）為 3 個圓柱洞陣列；（B）為 5 個圓柱洞陣列；（C）為 7 個圓柱洞陣列。

圖 3.6 中的反射譜和透射譜分別指不同頻率的入射波被反射的能量比和透射的能量比。被反射的能量可依據被反射的能量等於反射波通過表面 $y = W$ 的坡印廷矢量得到。假設入射波為式（3.1），則通過計算得到的被反射的能量比為

$$R = \sum_j \sum_k \left(\frac{\eta_1^{(e)}}{\eta_j^{(e)}}\right)^2 \frac{\| u_j \|^2}{\| u_1 \|^2} \frac{\mathrm{Re}\{\bar{\beta}_{jk}^{(e)}\}}{\beta_{1,0}^{(e)}} |R_{jk}^{(e)}|^2$$

$$+ \sum_j \sum_k \left(\frac{\eta_1^{(e)}}{\eta_j^{(m)}}\right)^2 \frac{\| w_j \|^2}{\| u_1 \|^2} \frac{\mathrm{Re}\{\bar{\beta}_{jk}^{(m)}\}}{\beta_{1,0}^{(e)}} |R_{jk}^{(m)}|^2 \qquad (3.74)$$

其中，

$$\| u_j \| = \int_{-W_2}^{W_2} f(z)\, u_j^2(z)\, \mathrm{d}z \,, \quad \| w_j \| = \int_{-W_2}^{W_2} \frac{f(z)}{n^2(z)} w_j^2(z)\, \mathrm{d}z$$

同理，透射能量可依據透射能量等於透射波通過表面 $y=0$ 的坡印廷矢量得到。通過計算得到的透射能量比為

$$T=\sum_j\sum_k\left(\frac{\eta_1^{(e)}}{\eta_j^{(e)}}\right)^2\frac{\|u_j\|^2}{\|u_1\|^2}\frac{\mathrm{Re}\{\bar{\beta}_{jk}^{(e)}\}}{\beta_{1,0}^{(e)}}\left|T_{jk}^{(e)}\right|^2+\sum_j\sum_k\left(\frac{\eta_1^{(e)}}{\eta_j^{(m)}}\right)^2\frac{\|w_j\|^2}{\|u_1\|^2}\frac{\mathrm{Re}\{\bar{\beta}_{jk}^{(m)}\}}{\beta_{1,0}^{(e)}}\left|T_{jk}^{(m)}\right|^2 \tag{3.75}$$

在式（3.74）和式（3.75）中，關於指標 j 的加法是指對所有引導垂直模式的相加。

第二個數值算例的結構與第一個算例類似，平板的折射率、厚度以及圓柱洞的半徑分別為 $n_2=3.4$，$d=0.5L$ 和 $a=0.25L$。數值計算時，取 $J_1=49$，$J_2=50$，$K=42$，$W_2=3L$，$W_1=2.5L$。在垂直入射波［式（3.1）］下，10 個圓柱洞陣列的透射譜如圖 3.8 所示。時域有限差分法曾被用於計算過此結構的散射譜[30]。我們的結果與 Ochiai T 等（2001）的結果基本一致。當頻率大於 0.31 時，我們的方法計算出的透射能量比要比 Ochiai T 等（2001）的結果大。面外能量損失比如圖 3.9 所示。此結構的面外能量損失比對大部分頻率都比較大，所以有效折射率法[33]不適用。

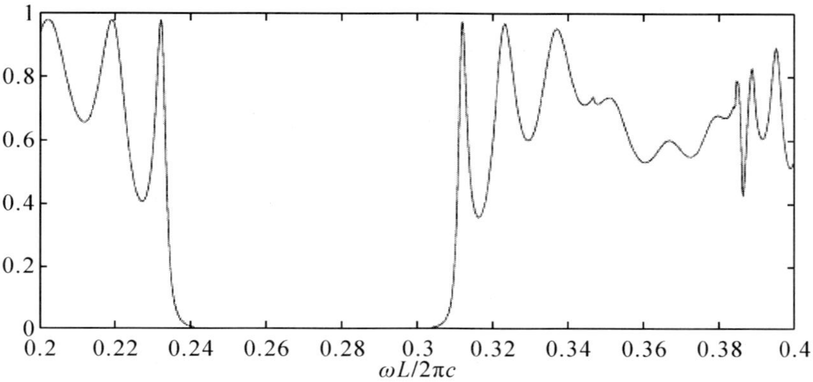

圖 3.8　第二個數值算例的透射譜

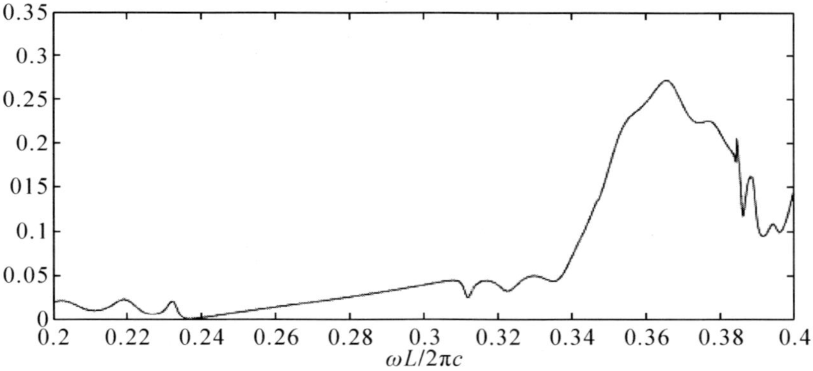

圖 3.9　第二個數值算例的面外能量損失比

第三個算例考察如圖 3.10 所示的具有線缺陷的光子晶體平板結構。線缺陷的寬度為 $L_d = L$，兩邊分別有三個圓柱洞陣列。其他參數跟第一個算例中的一樣。通過構造線缺陷，可以產生共振現象。在入射角度為 $\theta_{1,0}^{(e)} = \pi/6$ 的入射波［式（3.1）］下，此結構的透射譜如圖 3.11 所示。根據第一個算例的結果，如果沒有線缺陷，則在頻率區間 [0.25，0.33] 內的入射波幾乎被全部反射。通過引入線缺陷，發現在頻率區間 [0.25，0.33] 內有 4 個頻率（即點 A，B，C，D）的入射波的很大一部分都被透射出去。這就是共振現象，在光學中有很多應用。此結構的面外能量損失比如圖 3. 12 所示。

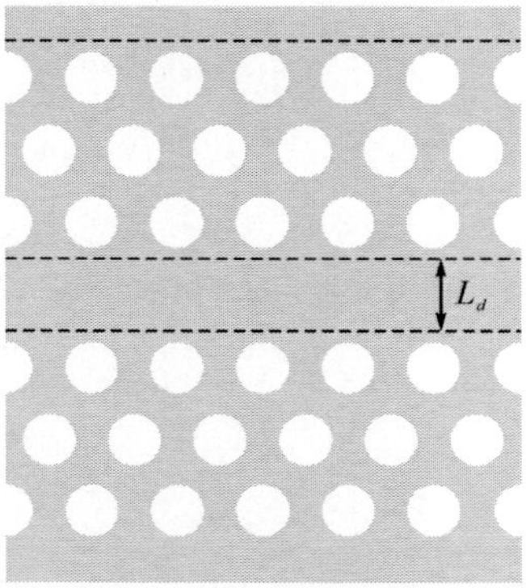

圖 3. 10　具有線缺陷的光子晶體平板結構的橫截面圖

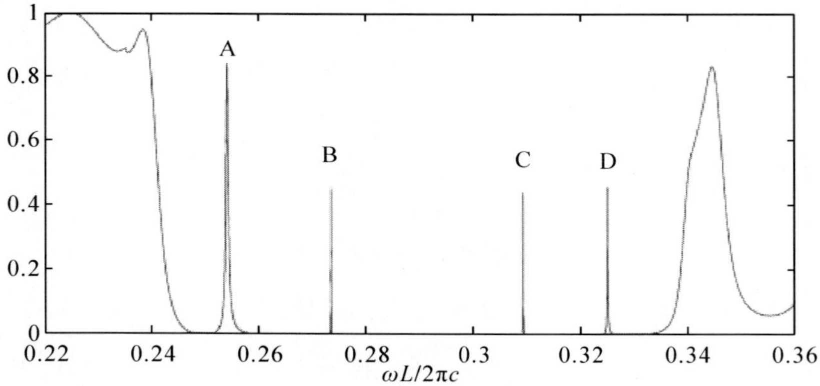

圖 3. 11　第三個數值算例的透射譜

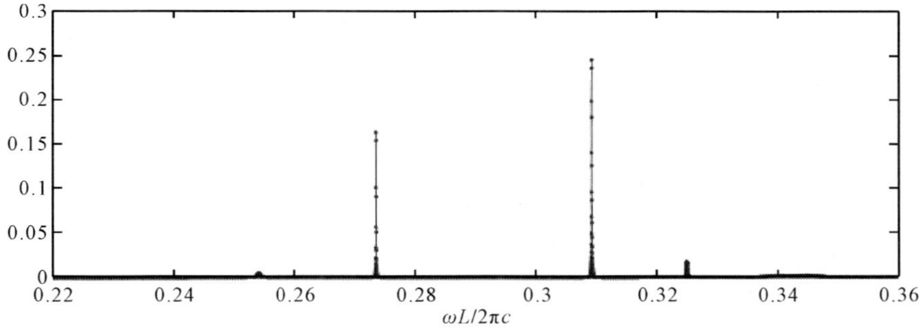

圖 3.12　第三個數值算例的面外能量損失比

3.7　降維技術

在上述求解光子晶體平板結構散射問題的 DtN 算子法中，計算量主要來自於以下 3 個部分：①計算系數之間的關係，即式（3.67），所需的計算量為 $O(KJ^3)$；②計算子區域的 DtN 算子 $\tilde{\Lambda}$ 的近似矩陣，即式（3.73），所需的計算量為 $O((JK)^3)$；③由遞推格式［式（3.40）］，從初始條件［式（3.36）］出發，計算算子 $\tilde{\boldsymbol{Q}}_m$ 和 $\tilde{\boldsymbol{Y}}_m$ 的值，所需的計算量為 $O(m(JK_1)^3)$，其中 K_1 表示界面 Γ_j 與 xy 平面相交曲線的離散點個數，m 為圓柱洞陣列的數量。對於橫截面為六邊形（即圖 3.3 中的第一個圖形）的子區域，$K_1 = K/3$；對於其他形狀的子區域，$K_1 \approx K/3$。在上述三個部分中，第二部分的計算量最大。如果圓柱洞陣列的數量非常多，則第三部分的計算量最大。對總計算量影響最大的是垂直模式的數量 J。本節討論的要點就是在保持一定的精度下，如何盡量減少垂直模式的數量。

垂直方向被完美匹配層截斷成有限區域后，輻射垂直模式和衰退垂直模式的連續譜被近似為無窮可數的離散譜。有限區域被離散后，無窮可數的離散譜被近似為有限個離散特徵值。所以，減少垂直模式數量的一種辦法就是用高階方法（例如：譜方法[53]）數值求解垂直模式。但是由於在平板波導中，折射率在 z 方向不連續，所以需要譜元方法[54]。通常在電磁場的垂直模式展開式［式（3.7）、式（3.15）、式（3.48）、式（3.49）、式（3.59）等］中需要使用所有的垂直模式。所以，減少垂直模式數量的另一種辦法是在上述垂直模式展開式中只保留重要的垂直模式。例如：有效折射率[33]方法就是這樣一種方法。它相當於在上述垂直模式展開式中只保留第一個引導垂直模式，將三維問題轉化為一個二維問題。此方法的缺點是沒有考慮面外能量損失。面外能量損失是由於入射波的引導垂直模式在圓柱洞的側面界面與其他垂直模式發生耦合，從而激發出輻射垂直模式和衰退垂直模式，進而造成一部分能量在垂直方向發生泄漏。所以，只保留引導垂直模式並不能完全模擬光子晶體平板結構中的物理現象。那麼除了引導垂直模式外，還需要保留那些垂直模式？需要保留多少呢？一種辦法是按照波數 $\eta_j^{(p)}$（$p = e$ 或 m）的平方的實部來排序，且只保留實部比較大的垂直模式。數值模擬結果顯示，這種選擇垂直模式的方法行不通。

3.7.1 垂直模式選擇法

本節介紹一種高效的垂直模式選擇方法。考慮圖 3.5 所示的只有一個圓柱洞的平板波導中的散射問題。電磁場的 z 分量的解析解在圓柱洞外和洞內可分別寫成式（3.59）和式（3.60）。展開式中的系數 $a_{jl}^{(p)}$ ，$b_{jl}^{(p)}$ 和 $c_{jl}^{(p)}$ 之間的關係滿足式（3.67）。將式（3.67a）重新記為

$$\boldsymbol{b}_l = \boldsymbol{D}_l \boldsymbol{a}_l, \qquad l = 0,\ \pm 1,\ \pm 2,\ \cdots \tag{3.76}$$

其中，

$$\boldsymbol{D}_l = -\left(\boldsymbol{B}_{13}^{-1}\boldsymbol{B}_{12} - \boldsymbol{B}_{23}^{-1}\boldsymbol{B}_{22}\right)^{-1}\left(\boldsymbol{B}_{13}^{-1}\boldsymbol{B}_{11} - \boldsymbol{B}_{23}^{-1}\boldsymbol{B}_{21}\right)$$

在式（3.59）中，系數 $a_{jl}^{(p)}$ 對應的項可以看作入射波，系數 $b_{jl}^{(p)}$ 對應的項是入射波在圓柱洞界面上激發的反射波。對於入射波［式（3.1）］，向量 $\boldsymbol{a}_l$ 除第一個元素外，其他元素為零。所以矩陣 $\boldsymbol{D}_l$ 的第一列就是由入射波［式（3.1）］激發的反射波的系數。矩陣 $\boldsymbol{D}_l$ 的第一列包含兩部分，分別記為 $\boldsymbol{f}_l$ 和 $\boldsymbol{g}_l$ ，分別對應於橫電波和橫磁波垂直模式反射波的系數。記

$$\tilde{\boldsymbol{f}}_l = \begin{bmatrix} H_l^{(1)}\left(\eta_1^{(e)} a\right) & & \\ & \ddots & \\ & & H_l^{(1)}\left(\eta_{J_1}^{(e)} a\right) \end{bmatrix} \boldsymbol{f}_l \tag{3.77}$$

$$\tilde{\boldsymbol{g}}_l = \begin{bmatrix} H_l^{(1)}\left(\eta_1^{(m)} a\right) & & \\ & \ddots & \\ & & H_l^{(1)}\left(\eta_{J_2}^{(m)} a\right) \end{bmatrix} \boldsymbol{g}_l \tag{3.78}$$

向量 $\tilde{\boldsymbol{f}}_l$ 和 $\tilde{\boldsymbol{g}}_l$ 各元素的絕對值平方正比於不同橫電波和橫磁波垂直模式所攜帶的反射波的能量。

考慮厚度為 $0.6L$ ，波導核折射率為 $n_2 = 3.5$，覆蓋層為真空，圓柱洞半徑為 $a = 0.3L$ 的圓柱洞平板波導（如圖 3.5 所示）。用厚度為 $0.6L$

的完美匹配層截斷 z 方向的區間為 $[-3.3L, 3.3L]$，並分別用 176 和 177 個點離散橫電波和橫磁波垂直模式。對於頻率 $\omega L/(2\pi c) = 0.28$，向量 $\tilde{\boldsymbol{f}}_1$ 和 $\tilde{\boldsymbol{g}}_1$（即 $l = 1$）各元素的絕對值平方按照大小排列后的值如圖 3.13 所示。向量 $\tilde{\boldsymbol{f}}_1$ 和 $\tilde{\boldsymbol{g}}_1$ 中絕對值最大的元素分別被化為 1。從圖 3.13 可以觀察到向量 $\tilde{\boldsymbol{f}}_1$ 和 $\tilde{\boldsymbol{g}}_1$ 的元素中只有一小部分比較大（10% ~ 20%），大部分值都非常小。例如，向量 $\tilde{\boldsymbol{f}}_1$ 第 21 大的元素絕對值小於 0.01，向量 $\tilde{\boldsymbol{g}}_1$ 第 28 大的元素絕對值小於 0.01。

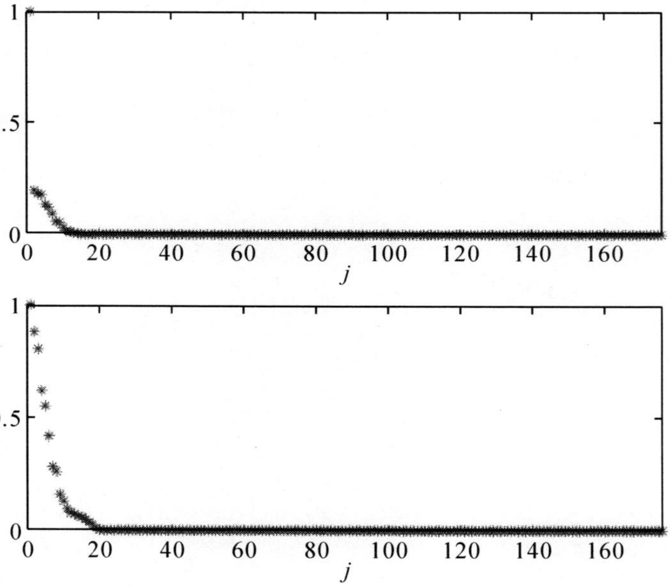

圖 3.13　向量 $\tilde{\boldsymbol{f}}_1$（上圖）和 $\tilde{\boldsymbol{g}}_1$（下圖）各元素的絕對值平方

也就是說，入射波［式（3.1）］雖然經過一個圓柱洞界面的散射，所有垂直模式的反射波都被激發了，但是大部分垂直模式所對應的系數太小。這一部分垂直模式在數值模擬光子晶體平板結構時可以忽略，且不會產生大的誤差。

根據上述結果，可以開發一種有效的模式選擇法。在入射波為式（3.1）的情況下，具體過程[55]如下：

① 計算矩陣 $\boldsymbol{D}_l$ 在 $l=1$ 的值，選取矩陣 $\boldsymbol{D}_l$ 的第一列。

② 由式（3.77）和式（3.78）計算向量 $\tilde{\boldsymbol{f}}_1$ 和 $\tilde{\boldsymbol{g}}_1$ 的值。

③ 將向量 $\tilde{\boldsymbol{f}}_1$ 和 $\tilde{\boldsymbol{g}}_1$ 中的元素分別按照絕對值從大到小進行排序。

④ 根據誤差要求，保留向量 $\tilde{\boldsymbol{f}}_1$ 和 $\tilde{\boldsymbol{g}}_1$ 中元素值排在前若干項所對應的垂直模式。

⑤ 用保留的垂直模式，按照式（3.70）、式（3.71）和式（3.73）構造 DtN 算子 $\tilde{\Lambda}$，進而構造退化 DtN 算子 $\tilde{\boldsymbol{M}}$。注意：系數 $a_{jl}^{(p)}$ 和 $b_{jl}^{(p)}$ 之間的關係不需要重新計算。只需要根據所選擇的垂直模式在式（3.67a）中保留相應的行和列。

如果入射波為式（3.4），則在第一步改為選取矩陣 $\boldsymbol{D}_l$ 的第 J_1+1 列。如果保留 J_* 個垂直模式，則總計算量是 $O(KJ^3)+O((KJ_*)^3)+O(m(K_1J_*)^3)$，每項分別對應構造系數之間的關係，構造子區域 DtN 算子 Λ（或 $\tilde{\Lambda}$），以及應用遞推關係［式（3.40）］的計算量。應用降維技術后，計算速度會快上百倍。

3.7.2　數值算例

用上述模式選擇法近似計算本章第六節中的第二個算例，結果如圖 3.14 所示。分別用 135 和 136 個離散點離散橫電波和橫磁波垂直模式，共 271 個垂直模式。利用模式選擇法，只需保留 30 個垂直模式（15 個橫電波垂直模式和 15 個橫磁波垂直模式)，其結果與保留所有的垂直模式的結構幾乎一樣。

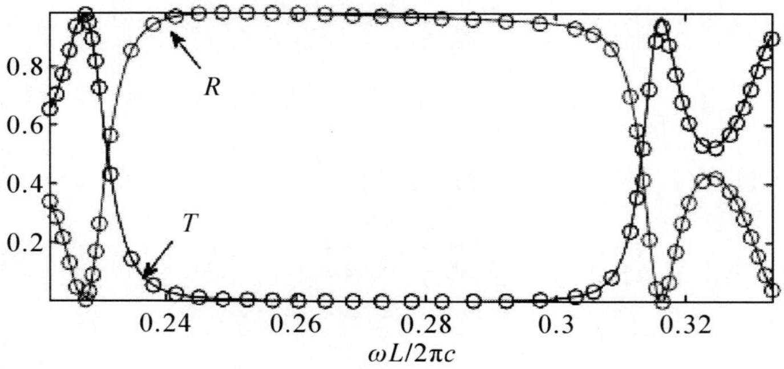

圖 3. 14　本章第六節中第二個算例的反射譜和透射譜

圓圈表示保留 30 個垂直模式，實線表示保留所有垂直模式。

3. 8　本章小結

本章將求解二維光子晶體結構的快速 DtN 算子法推廣到模擬有限圓柱洞陣列的三維光子晶體平板波導的散射問題。本章將計算區域劃分為若干子區域，通過在子區域的邊界上定義算子 $\boldsymbol{Q}$ 和 $\boldsymbol{Y}$，將邊值問題轉化為算子的初值問題。算子 $\boldsymbol{Q}$ 和 $\boldsymbol{Y}$ 在不同邊界上的遞推關係可以由退化 DtN 算子 $\boldsymbol{M}$ 給出。而退化 DtN 算子可以通過子區域的 DtN 算子 Λ（或 $\tilde{\Lambda}$）得到。此方法的好處是避免了區域內部的離散，只需要考慮子區域的側邊界。當圓柱洞的橫截面是圓時，電磁場在正常子區域內的解可以解析出來，從而子區域的 DtN 算子也可以很容易地構造出來。電磁場的解析解在平板波導和圓柱洞內可以分別在 z 方向展開為垂直模式，在 xy 平面上展開為柱面波，然后在圓柱洞的側界面上根據連續性條件進行連接。當圓柱洞的橫截面是不規則圖形時，在垂直方向依然可以展開為垂直模式，從而將三維問題轉化為若干二維問題。對每一個二維問題，在 xy 平面可以用邊界積分法構造二維 DtN 算子，然后在圓柱洞側界面上進行連接，從而構造整個子區域的 DtN 算子 Λ（或 $\tilde{\Lambda}$）。

上述計算過程中計算量最大的就是構造子區域的 DtN 算子 Λ（或 $\tilde{\Lambda}$）。通過降維技術，選擇合適的垂直模式，在構造 DtN 算子 Λ（或 $\tilde{\Lambda}$）時只需要保留很少一部分垂直模式（約 20%），而計算誤差幾乎可以忽略不計。

4　光子晶體平板波導特徵值問題的數值計算

光子晶體平板波導可以通過在光子晶體平板上引入線缺陷來構造(如圖 4.1 所示)。三維光子晶體平板波導在科技中有非常重要的應用,可用於設計各種光學元器件[22,56-62],而且相對比較容易製造。與傳統光波導不同,光子晶體平板波導在垂直方向上通過全反射來引導光波,在橫向平面通過光子帶隙引導光波。光子晶體平板波導利用光子帶隙,可以構造具有 100% 傳輸效率的彎曲波導。光子晶體平板波導中的一個重要問題就是引導模式的色散關係,即引導模式的傳播常數與頻率之間的關係。引導模式是波導結構的一類特殊特徵解,它在垂直於波導方向的平面上指數衰退,並可以沿著波導方向傳播。光波在光子晶體平板波導中的傳播主要是通過引導模式來實現的。求解引導模式需要求解麥克斯韋方程組的特徵值問題。

本章將第三章中求解邊值問題的 DtN 算子法推廣到求解特徵值問題,以提高計算效率。第一節介紹了目前現有的計算方法。第二節構造了引導模式特徵值問題的邊界條件。第三節介紹了按照線性特徵值問題來求解引導模式的方法。第四節介紹了我們所開發的求解引導模式的非線性特徵值方法。數值算例在第五節中給出。

4.1　已有的數值計算方法

時域有限差分法[8,63-65]也可用於計算光子晶體平板波導的引導模式。但由於所需的內存和計算量太大，該方法計算效率低。其優點是容易實現，不需要太多的數學知識。頻率域中，有效折射率法[38,66-68]將三維問題近似成一個二維問題，從而可以快速求解。然而此方法的誤差較大，只能得到一些定性的結果。嚴格求解三維光子晶體平板波導引導模式的數值方法不多，其中一種是基於平面波展開的散射矩陣法[27]。此方法首先將垂直平板的方向用完美匹配層截斷，再用人工週期條件截斷垂直於波導方向的另一個方向，然后假設電磁場在這兩個方向上是週期的，進而將電磁場在這兩個方向上根據週期性展開為傅里葉級數。通過這種方法可以很容易地構造波導方向上一個週期的散射矩陣。利用散射矩陣可以將偏微分方程組的特徵值問題轉化為一個線性代數方程組的特徵值問題。這種方法的優點是容易理解和編程，缺點是計算量太大。由於電磁場的法向分量在介質的界面不具有連續性，傅里葉展開的收斂階很低，通常需要巨大數量的平面波，誤差也比較大。此外，還可以通過構造散射矩陣，將原偏微分方程的特徵值問題轉化為維數較小的非線性特徵值問題[38,69-70]。這種方法的好處是所要求解問題的維數非常小，缺點是求解非線性的特徵值問題需要迭代算法與合適的初值。其他方法包括有限元[71]和有限差分法[72]。由於週期邊界條件的原因，用它們離散后所得到的非稀疏特徵值問題比較難求解。

本章將第三章中的 DtN 算子法推廣到特徵值問題的求解。通過構造 DtN 算子，將原偏微分方程的特徵值問題轉化為維數較小的非線性特徵值問題。與 Lalanne P 等（2001）和 Sauvan C 等（2003）中的方法不一樣，DtN 算子法不需要將一個週期分割成若干層，所以精度高。

4.2　問題描述

光子晶體平板波導可通過在一塊完整的光子晶體平板上引入線缺陷構成。圖 4.1 所示的是一個在具有三角晶格圓柱洞的光子晶體平板中引入一個線缺陷所構成的波導。該平板的厚度為 d，折射率為 n_2，波導方向為 x，週期為 L，覆蓋層為真空，波導中心的兩邊有無窮多個圓柱洞陣列。圖 4.2 為圖 4.1 中的結構在 xy 平面的截面圖。垂直於平板的方向為 z 方向。

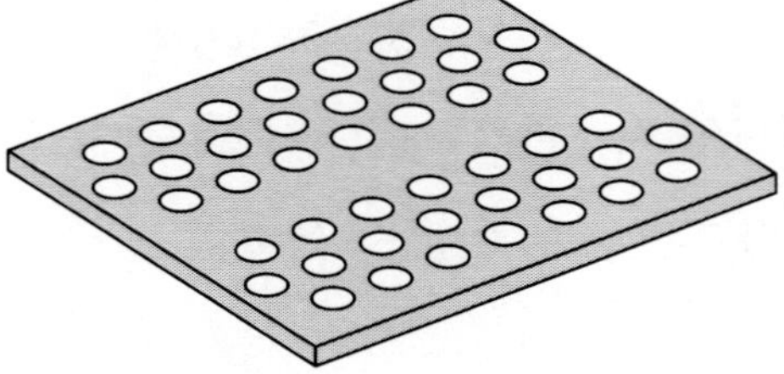

圖 4.1　三角晶格圓柱洞光子晶體平板波導示意圖

圖 4.2 圖 4.1 中的光子晶體平板波導在 xy 平面的橫截面

光子晶體平板波導圖 4.1 在 x 方向上為週期，所以折射率函數 $n(x, y, z)$ 滿足

$$n(x+L, y, z) = n(x, y, z) \tag{4.1}$$

在此類週期結構中，麥克斯韋方程組存在布洛赫模式形式的解：

$$\begin{bmatrix} \boldsymbol{E}(x, y, z) \\ \boldsymbol{H}(x, y, z) \end{bmatrix} = \begin{bmatrix} \boldsymbol{\Phi}(x, y, z) \\ \boldsymbol{\Psi}(x, y, z) \end{bmatrix} e^{i\beta x} \tag{4.2}$$

其中，β 被稱為布洛赫波數（或傳播常數），函數 $\boldsymbol{\Phi}$ 和 $\boldsymbol{\Psi}$ 為 x 的週期函數，週期為 L。根據式（4.2），布洛赫模式滿足擬週期條件：

$$\begin{bmatrix} \boldsymbol{E}(L, y, z) \\ \boldsymbol{H}(L, y, z) \end{bmatrix} = \rho \begin{bmatrix} \boldsymbol{E}(0, y, z) \\ \boldsymbol{H}(0, y, z) \end{bmatrix} \tag{4.3a}$$

$$\frac{\partial}{\partial x}\begin{bmatrix} \boldsymbol{E}(L, y, z) \\ \boldsymbol{H}(L, y, z) \end{bmatrix} = \rho \frac{\partial}{\partial x}\begin{bmatrix} \boldsymbol{E}(0, y, z) \\ \boldsymbol{H}(0, y, z) \end{bmatrix} \tag{4.3b}$$

其中 $\rho = e^{i\beta L}$。利用擬週期條件（4.3），只需要考慮波導結構的一個週期，即

$$S = \{(x, y, z): 0 < x < L, -\infty < y < \infty, -\infty < z < \infty\} \tag{4.4}$$

引導模式是一類特殊的布洛赫模式。它具有實數布洛赫波數，而且當$y \to \infty$或$z \to \infty$時，電磁場指數衰退到零，即

$$\boldsymbol{E} \to 0 \,, \boldsymbol{H} \to 0 \tag{4.5}$$

計算區域S在y和z方向上是無窮的，所以實際計算時，需要將S截斷為有界區域。z方向可用完美匹配層截斷成有限區間$[-W_2, W_2]$。在y方向上，由於當$y \to \infty$時，電磁場指數衰退到零，所以可以合理假設當y比較大的時候，電磁場為零，從而可以用零邊界條件截斷y方向。記截斷后的計算區域為S_t，則S_t在x方向上的範圍為$x \in [0, L]$，在z方向上的範圍為$z \in [-W_2, W_2]$，在y方向上包含$2m+1$個圓柱洞（其中$2m$個圓柱洞和一個線缺陷）。圖4.3所示為$m=4$時的計算區域S_t在xy平面的截面圖。橫向為y軸，縱向為x軸。電磁場在最右邊的邊界Γ_9和最左邊的邊界Γ_0上為零。截斷后，求解引導模式需要在區域S_t上求解具有完美匹配層的麥克斯韋方程組的特徵值問題，邊界條件分別為式（4.3），y方向上的零邊界條件，以及$z=\pm W_2$上的零邊界條件。

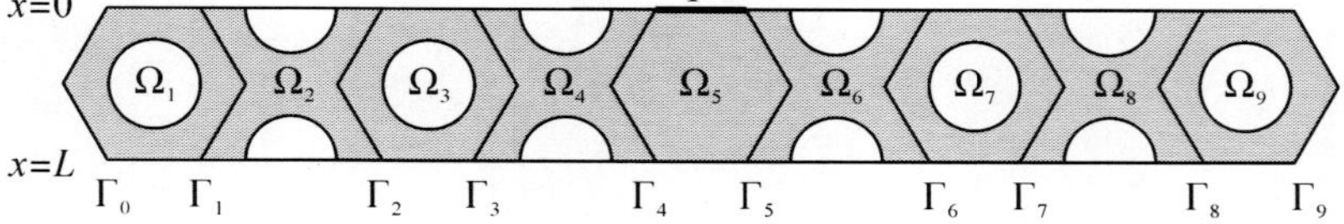

圖4.3　當$m=4$時計算區域S_t在xy平面上的橫截面示意圖

4.3 線性特徵值問題

在區域 S 內求解具有邊界條件［式（4.3）］和［式（4.5）］的麥克斯韋方程組特徵值問題時，一種常用的方法是給定 β，將麥克斯韋方程組看作一個以頻率的平方 ω^2（或者波數的平方 k_0^2）為特徵值的特徵值問題來求解。這種方法得到的是一個線性偏微分方程的特徵值問題。當介質具有色散時，它是一個非線性偏微分方程的特徵值問題。另一種方法是給定 ω^2，將 β 看作特徵值，函數 $\boldsymbol{\Phi}$ 和 $\boldsymbol{\Psi}$ 看作特徵值函數來求解。將式（4.2）代入麥克斯韋方程組（1.10），得

$$\nabla\times \boldsymbol{\Phi} - i\omega\mu_0\boldsymbol{\Psi} = i\beta e_1 \times \boldsymbol{\Phi} \tag{4.6a}$$

$$\nabla\times \boldsymbol{\Psi} + i\omega\varepsilon_0\varepsilon_r\boldsymbol{\Phi} = i\beta e_1 \times \boldsymbol{\Psi} \tag{4.6b}$$

其中，

$$e_1 = \begin{bmatrix} 1 \\ 0 \\ 0 \end{bmatrix}$$

不論介質是否是色散的，方程式（4.6）都是 β 的線性特徵值問題。傳統數值方法通過直接在區域 S 內離散方程式（1.10）或者式（4.6），或將解在區域 S 展開為某種基函數（如傅里葉展開），從而將偏微分方程組特徵值問題轉化為線性方程組的特徵值問題，進而求解。但是由於所得的線性方程組的維數太大，計算效率不高。

另一類方法是將原問題轉化為邊界上的線性特徵值問題，其中一種是利用散射算子 $\boldsymbol{S}$ 。將電磁場在 $x=0$ 和 $x=L$ 上分別分解成向前（沿 x 軸正方向）和向后（沿 x 軸負方向）傳播的波，記為 $\boldsymbol{w}^{\pm}|_{x=0}$ 和 $\boldsymbol{w}^{\pm}|_{x=L}$ 。其中，「+」和「-」分別表示向前和向后傳播，$\boldsymbol{w}$ 由式（3.16）定義，表示磁場和電場 z 分量所構成的向量。在表面 $x=0$ 和 $x=L$ 定義散射算子 $\boldsymbol{S}$ ：

$$\boldsymbol{S}\begin{bmatrix}\boldsymbol{w}^{+}|_{x=0}\\ \boldsymbol{w}^{-}|_{x=L}\end{bmatrix}=\begin{bmatrix}\boldsymbol{S}_{11} & \boldsymbol{S}_{12}\\ \boldsymbol{S}_{21} & \boldsymbol{S}_{22}\end{bmatrix}\begin{bmatrix}\boldsymbol{w}^{+}|_{x=0}\\ \boldsymbol{w}^{-}|_{x=L}\end{bmatrix}=\begin{bmatrix}\boldsymbol{w}^{-}|_{x=0}\\ \boldsymbol{w}^{+}|_{x=L}\end{bmatrix} \tag{4.7}$$

利用擬週期條件，

$$\boldsymbol{w}^{\pm}|_{x=L}=\rho\boldsymbol{w}^{\pm}|_{x=0}$$

代入式（4.7）中，消去 $\boldsymbol{w}^{\pm}|_{x=L}$ ，得到關於 ρ 的線性特徵值問題：

$$\begin{bmatrix}\boldsymbol{S}_{11} & -\boldsymbol{I}\\ \boldsymbol{S}_{21} & 0\end{bmatrix}\begin{bmatrix}\boldsymbol{w}^{+}|_{x=0}\\ \boldsymbol{w}^{-}|_{x=0}\end{bmatrix}=\rho\begin{bmatrix}0 & -\boldsymbol{S}_{12}\\ \boldsymbol{I} & -\boldsymbol{S}_{22}\end{bmatrix}\begin{bmatrix}\boldsymbol{w}^{+}|_{x=0}\\ \boldsymbol{w}^{-}|_{x=0}\end{bmatrix} \tag{4.8}$$

其中，算子 $\boldsymbol{I}$ 為單位算子。給定頻率 ω ，求解特徵值問題［式（4.8）］可得到 ρ 的值，即 β 的值。

利用 DtN 算子也可以構造 ρ 線性特徵值問題。在表面 $x=0$ 和 $x=L$ 定義 DtN 算子 $\boldsymbol{G}$ 下：

$$\boldsymbol{G}\begin{bmatrix}\boldsymbol{w}|_{x=0}\\ \boldsymbol{w}|_{x=L}\end{bmatrix}=\begin{bmatrix}\boldsymbol{G}_{11} & \boldsymbol{G}_{12}\\ \boldsymbol{G}_{21} & \boldsymbol{G}_{22}\end{bmatrix}\begin{bmatrix}\boldsymbol{w}|_{x=0}\\ \boldsymbol{w}|_{x=L}\end{bmatrix}=\begin{bmatrix}\partial_x\boldsymbol{w}|_{x=0}\\ \partial_x\boldsymbol{w}|_{x=L}\end{bmatrix} \tag{4.9}$$

其中，$\partial_x\boldsymbol{w}|_{x=0}$ 和 $\partial_x\boldsymbol{w}|_{x=L}$ 分別表示 $\boldsymbol{w}$ 在 $x=0$ 和 $x=L$ 關於 x 的導數值。利用擬週期條件：

$$\boldsymbol{w}|_{x=L}=\rho\boldsymbol{w}|_{x=0}, \qquad \partial_x\boldsymbol{w}|_{x=L}=\rho\partial_x\boldsymbol{w}|_{x=0} \tag{4.10}$$

在式（4.9）中消去 $\boldsymbol{w}|_{x=L}$ 和 $\partial_x\boldsymbol{w}|_{x=L}$，得到以 ρ 為特徵值的線性特徵值問題

$$\begin{bmatrix} \boldsymbol{G}_{11} & -\boldsymbol{I} \\ \boldsymbol{G}_{21} & 0 \end{bmatrix}\begin{bmatrix} \boldsymbol{w}|_{x=0} \\ \partial_x\boldsymbol{w}|_{x=0} \end{bmatrix}=\rho\begin{bmatrix} 0 & -\boldsymbol{G}_{12} \\ \boldsymbol{I} & -\boldsymbol{G}_{22} \end{bmatrix}\begin{bmatrix} \boldsymbol{w}|_{x=0} \\ \partial_x\boldsymbol{w}|_{x=0} \end{bmatrix} \tag{4.11}$$

給定頻率 ω，求解特徵值問題［式（4.11）］可得到 ρ 的值，即 β 的值。即使對於色散介質，特徵值問題［式（4.8）和式（4.11）］依然是線性的。而且它們只定義在表面 $x=0$ 和 $x=L$ 上，避免了計算區域 S 內部的離散，所以維數不會太大。但是散射算子 $\boldsymbol{S}$ 和 DtN 算子 $\boldsymbol{G}$ 比較難以計算。下節介紹一種將原特徵值問題轉化為非線性特徵值問題來求解的方法。

4.4 非線性特徵值問題

利用 DtN 算子法，可以將原線性特徵值問題轉化為一個維數非常小的非線性特徵值問題，進而快速求解。將計算區域 S_t 分為 $2m+1$ 個子區域 Ω_j（$j=1, 2, \cdots, 2m+1$）。當 $m=4$ 時，其在 xy 平面上的截面如圖 4.3 所示。該圖共有三種不同的子區域：一是包含一個完整圓柱洞的正常子區域（如 Ω_1，Ω_3，Ω_7，Ω_9），二是包含兩個不同半圓柱洞的不正常子區域（如 Ω_2，Ω_4，Ω_6，Ω_8），三是不包含圓柱洞的特殊子區域（Ω_5）。這些子區域在 x 方向上介於 $x=0$ 到 $x=L$ 之間，且由曲面 Γ_0，

Γ_1，…，Γ_{2m+1} 分割開來。曲面 Γ_j 定義為兩個相鄰子區域邊界的相交部分，即 $\Gamma_j = \partial\Omega_j \cap \partial\Omega_{j+1}$，其中 $j = 1, 2, \cdots, 2m$。Γ_0 是子區域 Ω_1 的左側邊界，Γ_{2m+1} 是子區域 Ω_{2m+1} 的右側邊界。當 m 比較大時，電磁場在邊界 Γ_0 與 Γ_{2m+1} 上的值為零。

為了構造非線性特徵值問題，首先根據式（3.35）在每個曲面 Γ_j 上定義算子 $\boldsymbol{Q}_j$：

$$\boldsymbol{Q}_j \boldsymbol{w}_j = \partial_\nu \boldsymbol{w}_j \tag{4.12}$$

其中，$\boldsymbol{w}$ 為滿足麥克斯韋方程組和擬週期條件［式（4.3）］的電磁場的 z 分量所構成的向量，$\boldsymbol{w}_j$ 是 $\boldsymbol{w}$ 在界面 Γ_j 上的值，$\boldsymbol{\nu}$ 是 Γ_j 具有正 y 分量的法向量，$\partial_\nu \boldsymbol{w}_j$ 表示 $\boldsymbol{w}$ 在界面 Γ_j 上的法向導數值。對於特殊的子區域 Ω_{m+1}，定義 DtN 算子 Λ 如下：

$$\Lambda \begin{bmatrix} \boldsymbol{w}_m \\ \boldsymbol{w}_{m+1} \\ \boldsymbol{w}|_{x=L} \\ \boldsymbol{w}|_{x=0} \end{bmatrix} = \begin{bmatrix} \partial_\nu \boldsymbol{w}_m \\ \partial_\nu \boldsymbol{w}_{m+1} \\ \partial_x \boldsymbol{w}|_{x=L} \\ \partial_x \boldsymbol{w}|_{x=0} \end{bmatrix} \tag{4.13}$$

其中，$\boldsymbol{w}$ 為電磁場的 z 分量所構成的向量，$\boldsymbol{w}|_{x=0}$ 表示 $\boldsymbol{w}$ 平面 $x = 0$ 的值，$\partial_x \boldsymbol{w}|_{x=0}$ 表示 $\boldsymbol{w}$ 平面 $x = 0$ 的導數值，$\boldsymbol{w}|_{x=L}$ 和 $\partial_x \boldsymbol{w}|_{x=L}$ 具有類似的含義。DtN 算子 Λ 可以寫成 4×4 的分塊矩陣：

$$\Lambda = \begin{bmatrix} \Lambda_{11} & \Lambda_{12} & \Lambda_{13} & \Lambda_{14} \\ \Lambda_{21} & \Lambda_{22} & \Lambda_{23} & \Lambda_{24} \\ \Lambda_{31} & \Lambda_{32} & \Lambda_{33} & \Lambda_{34} \\ \Lambda_{41} & \Lambda_{42} & \Lambda_{43} & \Lambda_{44} \end{bmatrix} \tag{4.14}$$

假設定義在界面 Γ_m 和 Γ_{m+1} 的算子 $\boldsymbol{Q}_m$ 和 $\boldsymbol{Q}_{m+1}$ 已知，利用算子 $\boldsymbol{Q}_m$ 和 $\boldsymbol{Q}_{m+1}$ 的定義［式（4.12）］消去式（4.13）中的 $\boldsymbol{w}_m$，$\boldsymbol{w}_{m+1}$，$\partial_\nu \boldsymbol{w}_m$，$\partial_\nu \boldsymbol{w}_{m+1}$，得

$$\boldsymbol{N}\begin{bmatrix} \boldsymbol{w}|_{x=L} \\ \boldsymbol{w}|_{x=0} \end{bmatrix} = \begin{bmatrix} \boldsymbol{N}_{11} & \boldsymbol{N}_{12} \\ \boldsymbol{N}_{21} & \boldsymbol{N}_{22} \end{bmatrix}\begin{bmatrix} \boldsymbol{w}|_{x=L} \\ \boldsymbol{w}|_{x=0} \end{bmatrix} = \begin{bmatrix} \partial_x \boldsymbol{w}|_{x=L} \\ \partial_x \boldsymbol{w}|_{x=0} \end{bmatrix} \tag{4.15}$$

其中，

$$\boldsymbol{N} = -\begin{bmatrix} \Lambda_{31} & \Lambda_{32} \\ \Lambda_{41} & \Lambda_{42} \end{bmatrix}\begin{bmatrix} \Lambda_{11} - \boldsymbol{Q}_m & \Lambda_{12} \\ \Lambda_{21} & \Lambda_{22} - \boldsymbol{Q}_m \end{bmatrix}^{-1}\begin{bmatrix} \Lambda_{13} & \Lambda_{14} \\ \Lambda_{23} & \Lambda_{24} \end{bmatrix} + \begin{bmatrix} \Lambda_{33} & \Lambda_{34} \\ \Lambda_{43} & \Lambda_{44} \end{bmatrix}$$

再將擬週期條件：

$$\boldsymbol{w}|_{x=L} = \rho \boldsymbol{w}|_{x=0}, \quad \partial_x \boldsymbol{w}|_{x=L} = \rho \partial_x \boldsymbol{w}|_{x=0} \tag{4.16}$$

代入式（4.15）中消去 $\boldsymbol{w}|_{x=L}$ 和 $\partial_x \boldsymbol{w}|_{x=L}$，得出引導模式的 z 分量在曲面 $\Gamma = \partial\Omega_{m+1} \cap \{x = 0\}$ 上滿足條件：

$$\boldsymbol{B}(\beta, \omega)\boldsymbol{w}|_{x=0} = 0 \tag{4.17}$$

其中，

$$\boldsymbol{B}(\beta, \omega) = \boldsymbol{N}_{12} - \rho \boldsymbol{N}_{22} + \rho \boldsymbol{N}_{11} - \rho^2 \boldsymbol{N}_{22} \tag{4.18}$$

曲面 Γ 在 xy 平面上的交線如圖 4.3 中的黑色粗線所示。式（4.17）是一個非線性特徵值問題，因為算子 $\boldsymbol{B}$ 是 β 和 ω 的非線性函數。求解引導模式等價於找到合適的 β 和 ω 使得式（4.17）有非零解，即算子 $\boldsymbol{B}$ 是奇異的。引導模式的色散關係就是指 β 和 ω 之間的關係。通常，色散

關係可以通過固定 β 使得算子 $\boldsymbol{B}$ 是奇異的頻率 ω 或者固定頻率 ω 使得算子 $\boldsymbol{B}$ 是奇異的 β 兩種方法來計算。

由於子區域 Ω_{m+1} 不包含圓柱洞，電磁場的 z 分量在子區域 Ω_{m+1} 內可展開為式（3.56）、式（3.57）和式（3.58），且所有的系數 $b_{jl}^{(e)}$ 和 $b_{jl}^{(m)}$ 都為零。從而，DtN 算子 Λ 非常容易構造。跟第三章一樣，實際計算時分別計算算子 $\boldsymbol{Q}_j$，Λ 和 $\boldsymbol{B}$ 的垂直模式表示 $\tilde{\boldsymbol{Q}}_j$，$\tilde{\Lambda}$ 和 $\tilde{\boldsymbol{B}}$。如果在展開式［式（3.58a）和式（3.58b）］中分別保留 J_1 和 J_2 個垂直模式，且用 p 個點離散子區域 Ω_{m+1} 的邊界與 xy 平面的交線，則算子 $\boldsymbol{B}$ 可被近似成一個 $(Jp)\times(Jp)$ 的矩陣，其中 $J=J_1+J_2$。算子 $\boldsymbol{B}$ 的奇異性意味著其近似矩陣具有零特徵值。因而，非線性特徵值問題［式（4.17）］轉化為非線性代數方程：

$$\sigma_1(\boldsymbol{B})=0 \tag{4.19}$$

其中，σ_1 是 $\boldsymbol{B}$ 絕對值最小的特徵值。式（4.19）是關於 β 和 ω 的非線性代數方程。求解上述非線性代數方程就可以得到引導模式的色散關係。通常算子 $\boldsymbol{B}$ 被近似為一個維數為幾百的矩陣，其絕對值最小的特徵值可以快速求得。由於使用了完美匹配層截斷 z 方向，給定實 β（或實 ω）計算 ω（或 β）時，通常會有一個很小的虛部。所以，在求解非線性代數方程式（4.19）時需要一個能在復數域中求根的迭代算法，如穆勒法（Müller's Method）[73]。

與第三章第三節中的算子遞推法類似，可利用退化 DtN 算子 $\boldsymbol{M}$ 計算算子 $\boldsymbol{Q}_m$ 和 $\boldsymbol{Q}_{m+1}$ 的值。定義子區域 Ω_j（$j=1,2,\cdots,2m+1$）的退化 DtN 算子 $\boldsymbol{M}$ 如下：

$$\boldsymbol{M}^{(j)}\begin{bmatrix}\boldsymbol{w}_{j-1}\\ \boldsymbol{w}_j\end{bmatrix}=\begin{bmatrix}\boldsymbol{M}_{11}^{(j)} & \boldsymbol{M}_{12}^{(j)}\\ \boldsymbol{M}_{21}^{(j)} & \boldsymbol{M}_{22}^{(j)}\end{bmatrix}\begin{bmatrix}\boldsymbol{w}_{j-1}\\ \boldsymbol{w}_j\end{bmatrix}=\begin{bmatrix}\partial_v\boldsymbol{w}_{j-1}\\ \partial_v\boldsymbol{w}_j\end{bmatrix} \tag{4.20}$$

其中，$\boldsymbol{w}$ 為滿足麥克斯韋方程組和擬週期條件［式（4.3）］的電磁場的 z 分量所構成的向量。不正常子區域的退化 DtN 算子可由正常子區域的退化 DtN 算子根據式（3.45）計算得到。電磁場在曲面 Γ_0 為零，即

$$\boldsymbol{w}_0=0$$

將上式代入子區域 Ω_1 的退化 DtN 算子 $\boldsymbol{M}^{(1)}$ 的定義式［（4.20）］中，得

$$\partial_\nu\boldsymbol{w}_1=\boldsymbol{M}_{22}^{(1)}\boldsymbol{w}_1 \tag{4.21}$$

將式（4.21）與當 $j=1$ 時的式（4.12）相比較，得

$$\boldsymbol{Q}_1=\boldsymbol{M}_{22}^{(1)} \tag{4.22}$$

同理可得

$$\boldsymbol{Q}_{2m}=\boldsymbol{M}_{11}^{(2m+1)} \tag{4.23}$$

從初始條件（4.22）出發，與算子遞推法［式（3.40）］類似，算子 $\boldsymbol{Q}_m$ 的值可由下列遞推式得到：

$$\boldsymbol{Q}_j=\boldsymbol{M}_{22}^{(j)}+\boldsymbol{M}_{21}^{(j)}(\boldsymbol{Q}_{j-1}-\boldsymbol{M}_{11}^{(j)})^{-1}\boldsymbol{M}_{12}^{(j)} \tag{4.24}$$

其中，$j=2,3,\cdots,m$。同理，從初始條件［式（4.23）］出發，算子 $\boldsymbol{Q}_{m+1}$ 的值可由下列遞推式得到

$$\boldsymbol{Q}_{j-1}=\boldsymbol{M}_{11}^{(j)}+\boldsymbol{M}_{12}^{(j)}(\boldsymbol{Q}_j-\boldsymbol{M}_{22}^{(j)})^{-1}\boldsymbol{M}_{21}^{(j)} \tag{4.25}$$

其中，$j=2m,2m-1,\cdots,m+2$。

4.5 數值實驗

考慮如圖 4.1 所示的具有三角晶格的光子晶體平板波導，晶格常數為 L 。平板的厚度和折射率分別為 $d = 0.6L$ 和 $n_2 = 3.4$。平板波導的覆蓋層為真空，折射率為 $n_1 = 1$。圓柱洞的半徑為 $a = 0.29L$ 。數值計算時，用厚度為 $0.6L$ 的完美匹配層將 z 方向截斷為有限區間 $[-1.5L, 1.5L]$ ，並用 0.037,5L 的步長離散，從而共有 $J_1 = 79$ 個橫電波垂直模式和 $J_2 = 80$ 個橫磁波垂直模式。子區域橫截面的每條邊用 $p = 7$ 個點離散，所以子區域橫截面的邊界被離散成 $K = 42$ 個點。算子 Λ , $\boldsymbol{M}^{(j)}$, $\boldsymbol{Q}_j$ 和 $\boldsymbol{B}$ 可分別近似成 $6,678 \times 6,678$, $4,452 \times 4,452$, $2,226 \times 2,226$ 和 $1,113 \times 1,113$ 的矩陣。整個計算中，計算量最大的就是根據式（3.70）構造算子 Λ ，它需要求解一個 $6,678 \times 6,678$ 大小的線性方程組。幸運的是，只需要構造兩種不同的 DtN 算子。在 y 方向上，由於使用零邊界條件截斷，所以計算區域要足夠大，才能保證精度。本書中，該方法的計算量是 m 的線性函數，所以即使 y 方向要取很大的計算區域，也不會增加太多計算量。在計算中，取 $m = 20$，即波導中心的每側都有 20 個圓柱洞陣列。需要注意的是，DtN 算子 Λ 與 β 無關，與 ω 有關。所以，在用迭代法求解非線性方程組（4.19）時，在迭代過程中只需要計算一次 DtN 算子。圖 4.4 和圖 4.5 為光子晶體平板波導中引導模式的色散關係。圖 4.4 顯示的是按照給定 ω 、計算 β 的方法計算的結果。由於色散曲線非常平，微小頻率變化會造成 β 的劇烈變化，所以計算色散曲線時每次頻率的增幅要非常小。如果將前一個頻率對應的 β 當作初始值，穆勒迭代算法通常需要約 20 次迭代就能收斂。圖 4.5 顯示的是按照給定 β、計算 ω 的方法所計算的結果。此方法需要在每次迭代時都重新計算 DtN 算子 Λ 和退化 DtN 算子 $\boldsymbol{M}^{(j)}$。為了減少計算量，可以跳過 DtN 算子 Λ 直接構造退化 DtN 算子 $\boldsymbol{M}^{(j)}$。如果將前一個 β 所對應的頻率 ω 當作初始值，穆勒迭代算法通常只需要 3~4 次迭代就能收斂[74]。

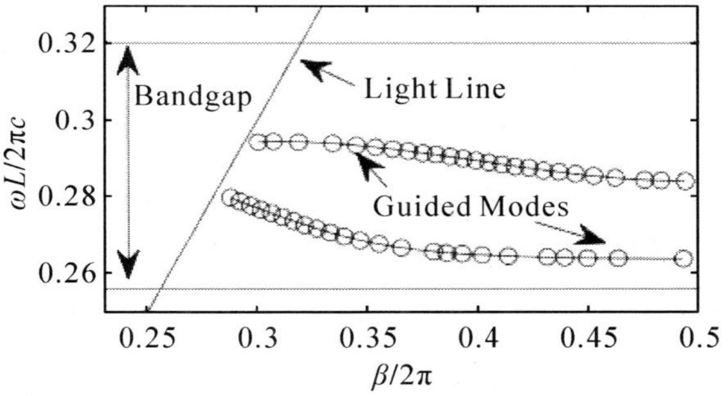

圖 4.4　引導模式的色散關係（給定 ω，計算 β）

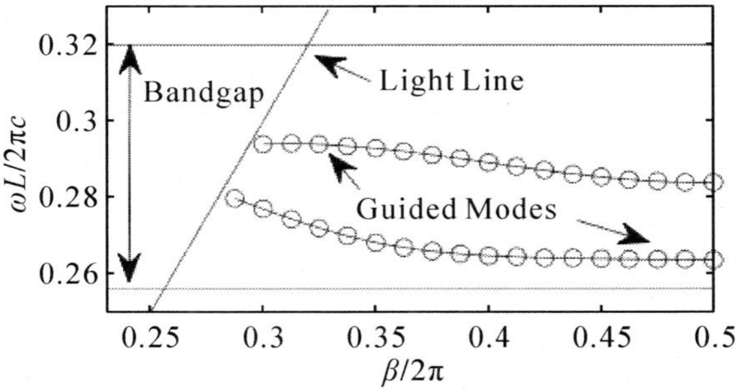

圖 4.5　引導模式的色散關係（給定 β，計算 ω）

接下來，考慮非線性特徵值問題算法的收斂性。固定頻率 $\omega L/(2\pi c) = 0.264$，子區域橫截面的每條邊用 $p = 7$ 個點離散。表 4.1

顯示了光子晶體平板波導引導模式的傳播常數 β 關於垂直方向上離散點數量的收斂性。表的第一列為垂直方向上離散點的數量 J_2（即橫磁波垂直模式的數量，橫電波垂直模式的數量為 $J_1 = J_2 - 1$，垂直模式的總數為 $J = J_1 + J_2$）。第二例為第一個橫電波引導垂直模式波數 $\eta_1^{(e)}$ 的相對誤差。第三列為第一個橫磁波引導垂直模式波數 $\eta_1^{(m)}$ 的相對誤差。第四列為光子晶體平板波導引導模式的傳播常數。從表 4.1 可知，當 $J_2 \geq 80$ 時，非線性特徵值問題算法計算出的光子晶體平板波導引導模式的傳播常數 $\beta L/(2\pi)$ 至少有三位小數點的精度。第二個測試中，固定 $J_2 = 80$，考慮 β 關於子區域橫截面每條邊離散點數量 p 的收斂性，結果如表 4.2 所示。當 $p \geq 7$ 時，可以有四位小數點的精度。

表 4.1　光子晶體平板波導引導模式的傳播常數 β 關於垂直方向離散點數量的收斂性

J_2	$\eta_1^{(e)}$ 的相對誤差	$\eta_1^{(m)}$ 的相對誤差	$\beta L/(2\pi)$
20	1.1×10^{-4}	1.1×10^{-3}	0.441,4
30	1.4×10^{-5}	2.3×10^{-4}	0.440,4
40	3.6×10^{-6}	7.3×10^{-5}	0.439,6
50	1.3×10^{-6}	3.0×10^{-5}	0.439,1
60	6.0×10^{-7}	1.5×10^{-5}	0.438,8
80	1.8×10^{-7}	4.8×10^{-6}	0.438,4
100	6.9×10^{-8}	2.1×10^{-6}	0.438,2
120	3.3×10^{-8}	1.2×10^{-6}	0.438,1
140	1.7×10^{-8}	7.4×10^{-7}	0.438,1
160	1.0×10^{-8}	5.4×10^{-7}	0.438,0
180	6.2×10^{-9}	4.3×10^{-7}	0.438,0

表 4. 2　光子晶體平板波導引導模式關於 p 的收斂性

p	$\beta L/(2\pi)$
3	0. 438, 955
4	0. 436, 168
5	0. 438, 323
6	0. 438, 543
7	0. 438, 422
8	0. 438, 409
9	0. 438, 415

4. 6 本章小結

本章開發了快速求解光子晶體平板波導結構中引導模式的數值算法。利用第三章中的 DtN 算子，將原特徵值問題轉化為一個非線性特徵值問題。雖然非線性特徵值問題需要迭代求解，但是由於維數較小，可以用穆勒迭代法快速求解。相比傳統的有限元和有限差分法，此方法避免了計算區域的內部離散，計算量更小，精度更高。相比基於散射算子的線性特徵值算法，此方法的 DtN 算子更容易構造，且計算量更小，精度更高。此方法可以用很小的計算量獲得三位或四位小數點的精度。它還可以計算在 y 或 z 方向衰退很慢的引導模式。

5 交叉光柵散射問題的數值計算

光柵是一個在一個方向或者兩個方向上是週期的電介質結構。最早的光柵由 200 多年前的一個美國天文學者製造[75]。光柵具有非常重要的應用，例如：一階衍射效率高的光柵[76-82]被廣泛應用於抗反射層、頻率過濾器、光束分裂器、衍射透鏡和高頻載波元件等[83-92]。目前，大部分關於光柵的研究主要集中在有一個週期方向的光柵結構（可認為是二維結構）[93]。由於理論研究和數值研究上的困難，現有關於有兩個週期方向的光柵結構的研究比較少[92]。有兩個週期方向的光柵結構又稱為交叉光柵。由於交叉光柵是三維結構，比一個方向是週期的光柵更加容易製造，其實際應用更加受到重視。交叉光柵除了前述應用外，還可用於太陽能發電中的太陽光波選擇元件和激光束整形元件等[94-99]。由於是三維結構，交叉光柵的數值模擬通常需要非常大的計算量。為更好地研究交叉光柵，必須要開發快速、高效、精確的數值算法。本章考慮具有圓柱形週期晶格結構的交叉光柵。特別地，可以將光子晶體平板看作一個交叉光柵。注意：交叉光柵的散射問題與第三章中的光子晶體平板散射問題不一樣。不同點主要有：一是第三章中的光子晶體結構有有限個圓柱洞陣列，從而只有一個方向是週期的，而交叉光柵在兩個方向上是週期的；二是第三章中散射問題的入射波是沿著平板內部傳播，而交叉光柵的散射問題的入射波是沿著垂直平板的方向傳播。因而，這兩個問題的數值計算方法完全不一樣。

本章通過開發求解光柵層特徵模式的高精度算法，以快速計算交叉光柵散射問題。第一節介紹了現有的數值算法。第二節介紹了交叉光柵散射問題的邊界條件。第三節介紹了計算光柵層特徵模式的 DtN 算子算法。第四節介紹了將光柵層、覆蓋層和基底層的一般解進行連接的最小二乘算法。第 5 節給出了一些數值算例。

5.1　已有的數值計算方法

目前，求解交叉光柵的數值方法不多。由於交叉光柵是一個部分週期結構，一種計算方法就是將電磁波在兩個週期方向上展開為傅里葉級數。微分法[94,96,100]和傅里葉模式法[101-105]都是基於傅里葉級數展開。在微分法中，通過將電磁場在兩個週期方向上展開為傅里葉級數，麥克斯方程組變成一個維數非常大的常微分方程組，最后求解這個常微分方程組的邊值。在傅里葉模式法中，首先，將交叉光柵在垂直方向上分成若干均勻層；其次，在每個均勻層內將電磁場展開為傅里葉級數；最后，利用電磁場的邊界條件［式（1.11）］將每個均勻層內的傅里葉展開在界面上進行連接，從而得到電磁場在整個結構的解。此外，可以通過散射矩陣法[106]來提高傅里葉模式法的穩定性和計算內存。由於電場的法向分量在不同介質界面不連續，因而傅里葉級數展開的收斂階很低，且計算量非常大。通過選擇正確的傅里葉分解法則可以將傅里葉級數展開的收斂階從 1 階提高到 2 階[99,107-109]。有許多工作曾嘗試提高傅里葉模式法的精度和效率[110-112]。

其他模擬交叉光柵散射問題的方法包括坐標變換法[95,113-114]、瑞利法[115]和邊界變分法[116-117]等。但是由於各自的局限，這些方法使用範圍並不廣泛。本章將二維光子晶體結構的 DtN 算子法[43-47,118-119]用以計算交叉光柵。該方法與傅里葉模式法類似。首先，將交叉光柵在垂直方向上分解為若干層；其次，利用 DtN 算子法求解每層的特徵模式，並將電磁場在每一層內展開為特徵模式的線性組合；最后，利用電磁場的邊界條件［式（1.11）］將每個均勻層內的一般解在界面上進行連接，從而得到電磁場在整個結構的解。由於 DtN 算子法的精度非常高，通常只需將電磁場展開為幾十個特徵模式的線性組合，所以該方法計算效率非常高。此方法的關鍵是用 DtN 算子法求解特徵模式。

5.2 瑞利展開

一個交叉光柵通常包含三層：覆蓋層、光柵層和基底層。考慮如圖 5.1 所示的最簡單的交叉光柵：覆蓋層和基底層都是空氣，光柵層是一個有三角晶格或正方形晶格圓柱洞的平板。我們的算法對有三角晶格或正方形晶格的交叉光柵都適用。下面以有三角晶格圓柱洞的平板為例來介紹我們的新方法。設光柵層的厚度為 d，且平行於 xy 平面，垂直於 z 軸。在光柵層內（即 $0 < z < d$），折射率是 x 和 y 的函數，即 $n = n(x, y)$。同時，它也是 x 和 y 的週期函數。折射率函數 $n(x, y)$ 滿足

$$n(x, y) = \begin{cases} n_2 & \text{圓柱洞外} \\ n_1 & \text{圓柱洞內} \end{cases} \tag{5.1}$$

和週期條件：

$$n(x + L, y) = n(x, y), \qquad n\left(x + \frac{L}{2}, y + \frac{\sqrt{3}L}{2}\right) = n(x, y) \tag{5.2}$$

其中, L 為晶格常數。圓柱洞的半徑為 a。

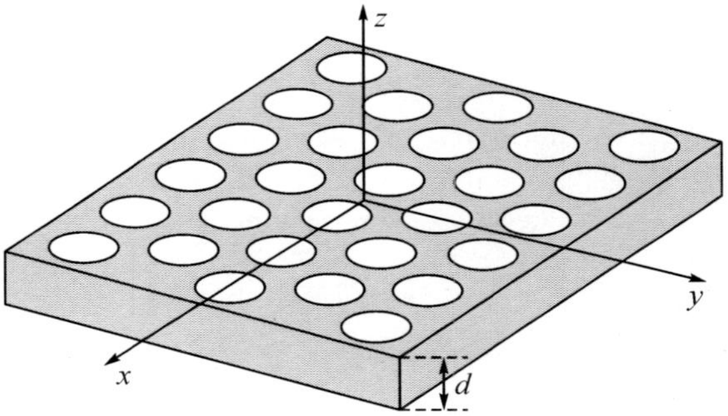

圖 5.1　有三角晶格圓柱洞的交叉光柵示意圖

假設入射波是一個從上往下照射到交叉光柵上（即沿著 z 軸的負方向傳播）的平面波。入射波的波向量為 $\boldsymbol{k}_{inc}$，它與 z 軸的夾角為 φ（稱為入射角）。x 軸與入射平面（即 z 軸和入射波的波向量 $\boldsymbol{k}_{inc}$ 所形成的平面）夾角記為 φ（也稱為方位角）。因而，入射波的波向量 $\boldsymbol{k}_{inc}$ 可以寫成

$$\boldsymbol{k}_{inc} = \begin{bmatrix} \alpha_0 \\ \beta_0 \\ \gamma_{00} \end{bmatrix} \tag{5.3}$$

其中，

$$\alpha_0 = k_0 n_1 \sin\varphi \cos\varphi$$

$$\beta_0 = k_0 n_1 \sin\varphi \sin\varphi$$

$$\gamma_{00} = - k_0 n_1 \cos\varphi$$

$k_0 = \omega / c$ 是真空中的波數。入射波的極化向量 $\boldsymbol{p}$ 與波向量 $\boldsymbol{k}_{inc}$ 垂直，它與入射平面的夾角記為 ψ。根據上述記號，入射波的電場可寫成

$$\boldsymbol{E}^{(i)} = \boldsymbol{p} \exp[i(\alpha_0 x + \beta_0 y + \gamma_{00} z)] \tag{5.4}$$

其中，

$$\boldsymbol{p} = \begin{bmatrix} \cos\psi \cos\varphi \cos\varphi - \sin\psi \sin\varphi \\ \cos\psi \cos\varphi \sin\varphi + \sin\psi \cos\varphi \\ \cos\psi \sin\varphi \end{bmatrix} \tag{5.5}$$

入射波的磁場可由式（1.10a）寫成

$$\boldsymbol{H}^{(i)} = \frac{1}{k_0} \boldsymbol{k}_{inc} \times \boldsymbol{p} \exp[i(\alpha_0 x + \beta_0 y + \gamma_{00} z)] \tag{5.6}$$

在覆蓋層內，即 $z > d$ 時，結構是均勻的。在入射波［式（5.4）］下，反射波的電場可以用瑞利展開寫成

$$\boldsymbol{E}^{(r)} = \sum_{m=-\infty}^{\infty} \sum_{k=-\infty}^{\infty} \boldsymbol{R}_{mk} \exp[i(\alpha_m x + \beta_{mk} y + \gamma_{mk}(z - d))] \tag{5.7}$$

其中，

$$\alpha_m = \alpha_0 + \frac{2\pi}{L} m, \qquad \beta_{mk} = \beta_0 + \frac{2\pi}{\sqrt{3} L}(2k - m)$$

$$\gamma_{mk} = \sqrt{k_0^2 n_1^2 - \alpha_m^2 - \beta_{mk}^2}$$

如果 γ_{mk} 是復數，則要求它的虛部是非負的，以保證展開式（5.7）中的每一個平面波都是沿 z 軸正向傳播。$\boldsymbol{R}_{mk}$ 是衍射級 (m, k) 對應的平面波項的系數向量。將 $\boldsymbol{R}_{mk}$ 寫成

$$\boldsymbol{R}_{mk} = \begin{bmatrix} R_{xmk} \\ R_{ymk} \\ R_{zmk} \end{bmatrix} \tag{5.8}$$

則根據麥克斯韋方程組中的式（1.10c），三個分量滿足關係：

$$\alpha_m R_{xmk} + \beta_{mk} R_{ymk} + \gamma_{mk} R_{zmk} = 0 \tag{5.9}$$

所以，三個分量中只有兩個是獨立的。通過將式（5.7）代入式（1.10a）可得到反射波的磁場：

$$\boldsymbol{H}^{(r)} = \frac{1}{k_0} \sum_{m=-\infty}^{\infty} \sum_{k=-\infty}^{\infty} \boldsymbol{k}_{mk}^{(r)} \times \boldsymbol{R}_{mk} \exp\left[i\left(\alpha_m x + \beta_{mk} y + \gamma_{mk}(z-d)\right)\right] \tag{5.10}$$

其中，

$$\boldsymbol{k}_{mk}^{(r)} = \begin{bmatrix} \alpha_m \\ \beta_{mk} \\ \gamma_{mk} \end{bmatrix} \tag{5.11}$$

$\boldsymbol{k}_{mk}^{(r)}$ 是展開式（5.10）中第 (m, k) 個平面波的波向量。

由於覆蓋層和基底層都是空氣，所以在基底層，即 $z < 0$ 時，透射波可利用瑞利展開寫成

$$\boldsymbol{E}^{(t)}=\sum_{m=-\infty}^{\infty}\sum_{k=-\infty}^{\infty}\boldsymbol{T}_{mk}\exp[i(\alpha_m x+\beta_{mk}y-\gamma_{mk}z)] \quad (5.12)$$

$$\boldsymbol{H}^{(t)}=\frac{1}{k_0}\sum_{m=-\infty}^{\infty}\sum_{k=-\infty}^{\infty}\boldsymbol{k}_{mk}^{(t)}\times\boldsymbol{T}_{mk}\exp[i(\alpha_m x+\beta_{mk}y-\gamma_{mk}z)] \quad (5.13)$$

其中，

$$\boldsymbol{T}_{mk}=\begin{bmatrix}T_{xmk}\\T_{ymk}\\T_{zmk}\end{bmatrix},\qquad \boldsymbol{k}_{mk}^{(t)}=\begin{bmatrix}\alpha_m\\\beta_{mk}\\-\gamma_{mk}\end{bmatrix} \quad (5.14)$$

系數向量 $\boldsymbol{T}_{mk}$ 滿足條件：

$$\alpha_m T_{xmk}+\beta_{mk}T_{ymk}-\gamma_{mk}T_{zmk}=0 \quad (5.15)$$

所以，三個分量中只有兩個分量是獨立的。

當 $z>d$ 時，由於覆蓋層中還有入射波，所以總波場為

$$\boldsymbol{E}=\boldsymbol{E}^{(i)}+\boldsymbol{E}^{(r)},\qquad \boldsymbol{H}=\boldsymbol{H}^{(i)}+\boldsymbol{H}^{(r)} \quad (5.16)$$

在基底層，即 $z<0$ 時，總波場就是透射波，即

$$\boldsymbol{E}=\boldsymbol{E}^{(t)},\qquad \boldsymbol{H}=\boldsymbol{H}^{(t)} \quad (5.17)$$

由式（5.7）、式（5.10）、式（5.12）、式（5.13）、式（5.16）和式（5.17）可得到電磁場在覆蓋層和基底層的一般解。只需要確定系數向量 $\boldsymbol{R}_{mk}$ 和 $\boldsymbol{T}_{mk}$ 就可以得到電磁場在覆蓋層和基底層的解。

5.3 光柵層的特徵模式

要確定式（5.7）和式（5.12）中的系數向量 $\boldsymbol{R}_{mk}$ 和 $\boldsymbol{T}_{mk}$，一般的

數值方法是將電磁場在光柵層中展開為特徵模式，然后將覆蓋層中的一般解、光柵層中的一般解和基底層中的一般解在界面 $z = d$ 和 $z = 0$ 進行聯結。這類算法的關鍵是如何高精度計算光柵層的特徵模式。傅里葉模式法將光柵層的特徵模式展開為傅里葉級數來求解。由於收斂傅里葉級數展開的收斂階比較低，計算效率低。本節介紹一種利用 DtN 算子求解光柵層特徵模式的方法，它具有精度高、未知量數量少、計算速度快的特點。

5.3.1　特徵值問題的描述

由於光柵層不隨變量 z 發生變化，根據分離變量法，光柵層的特徵模式有如下形式：

$$\boldsymbol{E}(x, y, z) = \boldsymbol{\Phi}(x, y) e^{i\eta z}, \qquad \boldsymbol{H}(x, y, z) = \boldsymbol{\Psi}(x, y) e^{i\eta z} \tag{5.18}$$

其中，η 為傳播常數，函數 $\boldsymbol{\Phi}$ 和 $\boldsymbol{\Psi}$ 都是向量。由於折射率的週期性［式（5.2）］和入射波（5.4），函數 $\boldsymbol{\Phi}$ 和 $\boldsymbol{\Psi}$ 可寫成

$$\begin{bmatrix} \boldsymbol{\Phi}(x, y) \\ \boldsymbol{\Psi}(x, y) \end{bmatrix} = \begin{bmatrix} \Phi(x, y) \\ \Psi(x, y) \end{bmatrix} \exp[i(\alpha_0 x + \beta_0 y)] \tag{5.19}$$

其中，函數 $\Phi(x, y)$ 和 $\Psi(x, y)$ 分別滿足週期條件：

$$\Phi(x + L, y) = \Phi(x, y), \qquad \Phi\left(x + \frac{L}{2}, y + \frac{\sqrt{3}L}{2}\right) = \Phi(x, y) \tag{5.20}$$

$$\Psi(x + L, y) = \Psi(x, y), \Psi\left(x + \frac{L}{2}, y + \frac{\sqrt{3}L}{2}\right) = \Psi(x, y) \tag{5.21}$$

將式（5.18）代入式（1.10），可知函數 $\boldsymbol{\Phi}$ 和 $\boldsymbol{\Psi}$ 的 x 和 y 分量可由它們的 z 分量表示出來，即

$$\begin{bmatrix} \boldsymbol{\Phi}_x(x,\ y) \\ \boldsymbol{\Phi}_y(x,\ y) \end{bmatrix} = \frac{i}{\chi}(\boldsymbol{\eta}\ \nabla_{xy}\boldsymbol{\Phi}_z + k_0\boldsymbol{J}\ \nabla_{xy}\boldsymbol{\Psi}_z) \tag{5.22}$$

$$\begin{bmatrix} \boldsymbol{\Psi}_x(x,\ y) \\ \boldsymbol{\Psi}_y(x,\ y) \end{bmatrix} = \frac{i}{\chi}(\boldsymbol{\eta}\ \nabla_{xy}\boldsymbol{\Psi}_z - k_0 n^2\boldsymbol{J}\ \nabla_{xy}\boldsymbol{\Phi}_z) \tag{5.23}$$

其中，

$$\nabla_{xy} = \begin{bmatrix} \partial_x \\ \partial_y \end{bmatrix},\qquad \boldsymbol{J} = \begin{bmatrix} 0 & 1 \\ -1 & 0 \end{bmatrix},\qquad \chi = k_0^2 n^2 - \boldsymbol{\eta}^2$$

所以，函數 $\boldsymbol{\Phi}$ 和 $\boldsymbol{\Psi}$ 的六個分量中只有 $\boldsymbol{\Phi}_z$ 和 $\boldsymbol{\Psi}_z$ 是獨立的。而函數 $\boldsymbol{\Phi}$ 和 $\boldsymbol{\Psi}$ 的 z 分量滿足方程組：

$$\nabla_{xy}\cdot\left(\frac{n^2}{\chi}\nabla_{xy}\boldsymbol{\Phi}_z\right) + \nabla_{xy}\cdot\left(\frac{\boldsymbol{\eta}}{k_0\chi}\boldsymbol{J}\ \nabla_{xy}\boldsymbol{\Psi}_z\right) + n^2\boldsymbol{\Phi}_z = 0 \tag{5.24a}$$

$$\nabla_{xy}\cdot\left(\frac{1}{\chi}\nabla_{xy}\boldsymbol{\Psi}_z\right) - \nabla_{xy}\cdot\left(\frac{\boldsymbol{\eta}}{k_0\chi}\boldsymbol{J}\ \nabla_{xy}\boldsymbol{\Phi}_z\right) + \boldsymbol{\Psi}_z = 0 \tag{5.24b}$$

一般情況下，在方程組（5.24）中，$\boldsymbol{\Phi}_z$ 和 $\boldsymbol{\Psi}_z$ 相互耦合，但是在均勻介質中（即折射率 n 為常數），函數 $\boldsymbol{\Phi}_z$ 和 $\boldsymbol{\Psi}_z$ 相互獨立，並滿足亥姆霍茲方程：

$$\partial_x^2\boldsymbol{\Phi}_z + \partial_y^2\boldsymbol{\Phi}_z + k_0^2n^2\boldsymbol{\Phi}_z = \boldsymbol{\eta}^2\boldsymbol{\Phi}_z \tag{5.25}$$

$$\partial_x^2\boldsymbol{\Psi}_z + \partial_y^2\boldsymbol{\Psi}_z + k_0^2n^2\boldsymbol{\Psi}_z = \boldsymbol{\eta}^2\boldsymbol{\Psi}_z \tag{5.26}$$

求解光柵層內的特徵模式就等價於求解方程組（5.24）。方程組（5.24）是一個特徵值問題，$\boldsymbol{\eta}$（或 $\boldsymbol{\eta}^2$）為特徵值，$\boldsymbol{\Phi}_z$ 和 $\boldsymbol{\Psi}_z$ 為特徵函數。

求解特徵值問題［式（5.24）］需要合適的邊界條件和合適的計算區域。在圖 5.1 中，光栅層中的圓柱洞形成一個三角晶格，所以只需要在 xy 平面上考慮一個如圖 5.2 所示的正六邊形單位區域。令

$$\boldsymbol{w} = \begin{bmatrix} \Phi_z(x, y) \\ \Psi_z(x, y) \end{bmatrix} \tag{5.27}$$

並記函數 $\boldsymbol{w}$ 在圖 5.2 中的正六邊形區域的六條邊 $\overrightarrow{AB}$，$\overrightarrow{BC}$，$\overrightarrow{CD}$，$\overrightarrow{DE}$，$\overrightarrow{EF}$ 和 $\overrightarrow{FA}$ 上的值分別為 $\boldsymbol{u}_0$，$\boldsymbol{v}_0$，$\boldsymbol{w}_0$，$\boldsymbol{u}_1$，$\boldsymbol{v}_1$ 和 $\boldsymbol{w}_1$。它們的法向導數分別記為 $\partial_\nu \boldsymbol{u}_0$，$\partial_\nu \boldsymbol{v}_0$，$\partial_\nu \boldsymbol{w}_0$，$\partial_\nu \boldsymbol{u}_1$，$\partial_\nu \boldsymbol{v}_1$ 和 $\partial_\nu \boldsymbol{w}_1$。則由式（5.19）和週期條件［式（5.20）］和［式（5.21）］可知函數 $\boldsymbol{w}$ 滿足擬週期條件：

$$\boldsymbol{u}_1 = \rho_\alpha \rho_\beta \boldsymbol{u}_0, \qquad \partial_\nu \boldsymbol{u}_1 = \rho_\alpha \rho_\beta \partial_\nu \boldsymbol{u}_0 \tag{5.28a}$$

$$\boldsymbol{v}_1 = \rho_\alpha^2 \boldsymbol{v}_0, \qquad \partial_\nu \boldsymbol{v}_1 = \rho_\alpha^2 \partial_\nu \boldsymbol{v}_0 \tag{5.28b}$$

$$\rho_\beta \boldsymbol{w}_1 = \rho_\alpha \boldsymbol{w}_0, \qquad \rho_\beta \partial_\nu \boldsymbol{w}_1 = \rho_\alpha \partial_\nu \boldsymbol{w}_0 \tag{5.28c}$$

其中，

$$\rho_\alpha = \exp(i\alpha_0 L/2), \qquad \rho_\beta = \exp\left(i\sqrt{3}\beta_0 L/2\right) \tag{5.29}$$

$\boldsymbol{\nu}$ 表示正六邊形區域的六條邊的單位法向量，對於邊 $\overrightarrow{AB}$ 和 $\overrightarrow{DE}$：

$$\boldsymbol{\nu} = \frac{1}{2}\begin{bmatrix} 1 \\ \sqrt{3} \end{bmatrix}$$

對於邊 $\overrightarrow{BC}$ 和 $\overrightarrow{EF}$：

$$\boldsymbol{\nu} = \begin{bmatrix} 1 \\ 0 \end{bmatrix}$$

對於邊 $\overrightarrow{CD}$ 和 $\overrightarrow{FA}$：

$$\boldsymbol{v} = \frac{1}{2}\begin{bmatrix} -1 \\ \sqrt{3} \end{bmatrix}$$

利用上述條件，光柵層的特徵模式問題轉化為正六邊形單位區域內滿足邊界條件［式（5.28）］和特徵方程式（5.24）的特徵值問題。$\boldsymbol{\eta}$（或 $\boldsymbol{\eta}^2$）為特徵值，$\boldsymbol{w}$ 為特徵函數。

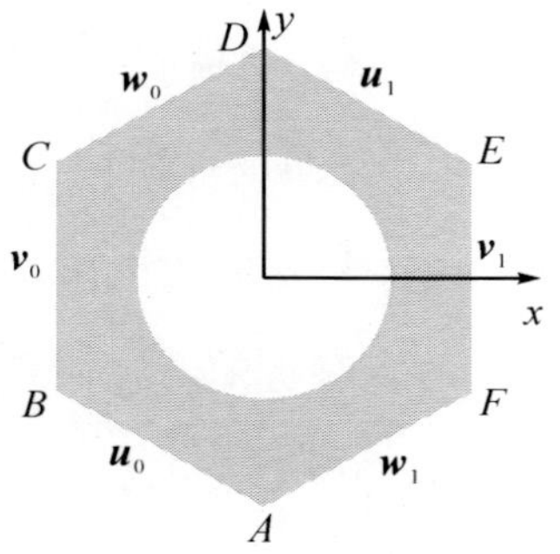

圖 5.2　三角晶格的正六邊形單位區域

5.3.2　*DtN* 算子法

通過定義正六邊形單位區域的 DtN 算子，可以將正六邊形單位區域內滿足邊界條件［式（5.28）］和方程式（5.24）的特徵值問題轉化為一個非線性方程，然后用迭代法求解此非線性方程。正六邊形單位區域的 DtN 算子 Λ 定義為：

$$\Lambda\begin{bmatrix}\boldsymbol{u}_0\\ \boldsymbol{v}_0\\ \boldsymbol{w}_0\\ \boldsymbol{u}_1\\ \boldsymbol{v}_1\\ \boldsymbol{w}_1\end{bmatrix}=\begin{bmatrix}\partial_\nu\boldsymbol{u}_0\\ \partial_\nu\boldsymbol{v}_0\\ \partial_\nu\boldsymbol{w}_0\\ \partial_\nu\boldsymbol{u}_1\\ \partial_\nu\boldsymbol{v}_1\\ \partial_\nu\boldsymbol{w}_1\end{bmatrix} \tag{5.30}$$

DtN 算子 Λ 將 $\boldsymbol{w}$ 在正六邊形單位區域邊界上的值映射到它的法向導數值。

將 DtN 算子 Λ 寫成 6×1 的塊狀矩陣:

$$\Lambda=\begin{bmatrix}\Lambda_1\\ \Lambda_2\\ \Lambda_3\\ \Lambda_4\\ \Lambda_5\\ \Lambda_6\end{bmatrix} \tag{5.31}$$

並將邊界條件［式（5.28）］代入 DtN 算子 Λ 的定義［式（5.30）］中，消去所有的法向導數以及 $\boldsymbol{u}_1$, $\boldsymbol{v}_1$ 和 $\boldsymbol{w}_1$，得線性方程組:

$$\boldsymbol{B}\begin{bmatrix}\boldsymbol{u}_0\\ \boldsymbol{v}_0\\ \boldsymbol{w}_0\end{bmatrix}=0 \tag{5.32}$$

其中，

$$\boldsymbol{B}=\begin{bmatrix}\Lambda_4-\rho_\alpha\rho_\beta\Lambda_1\\ \Lambda_5-\rho_\alpha^2\Lambda_2\\ \Lambda_6-\rho_\alpha\rho_\beta^{-1}\Lambda_3\end{bmatrix}\begin{bmatrix}1&&\\&1&\\&&1\\ \rho_\alpha\rho_\beta&&\\&\rho_\alpha^2&\\&&\rho_\alpha\rho_\beta^{-1}\end{bmatrix}\tag{5.33}$$

求解線性方程組（5. 32）就可以得到光柵層的特徵模式。線性方程組（5. 32）存在非零解的條件是算子 $\boldsymbol{B}$ 必須是奇異的。算子 Λ 是 η 的非線性函數，所以 $\boldsymbol{B}$ 也是 η 的非線性函數，即 $\boldsymbol{B}=\boldsymbol{B}(\eta)$ 。數值計算時，如果正六邊形單位區域的邊界被離散成 K_1 個點，算子 $\boldsymbol{B}$ 被近似成 $K_1\times K_1$ 的矩陣。從算子 $\boldsymbol{B}$ 的奇異性得到下列關於 η 的非線性方程：

$$\sigma(\boldsymbol{B}(\eta))=0\tag{5.34}$$

其中 σ 表示矩陣 $\boldsymbol{B}$ 絕對值最小的特徵值。求解非線性方程（5. 34）可以得到光柵層特徵模式的特徵值 η（或 η^2），特徵模式在正六邊形單位區域邊界上的值 $\boldsymbol{u}_0$, $\boldsymbol{v}_0$ 和 $\boldsymbol{w}_0$ 對應於矩陣 $\boldsymbol{B}$ 的零空間。$\boldsymbol{u}_1$, $\boldsymbol{v}_1$ 和 $\boldsymbol{w}_1$ 可由擬週期條件［式（5. 28）］得到。由於矩陣 $\boldsymbol{B}$ 的維度比較小，利用迭代算法可以很容易地求解非線性方程組（5. 34）。

5. 3. 3 *DtN* 算子的構造

上述求解光柵層特徵模式的方法的核心部分就是構造正六邊形單位區域的 DtN 算子 Λ。本小節通過將 w 展開為柱面波，可以很容易地構造出 DtN 算子 Λ，且精度非常高。由於函數 Φ_z 和 Ψ_z 在均勻區域內滿足亥姆霍兹方程式（5.25）和式（5.26），根據本書 1.5.2 小節，它們在正六邊形單位區域內的通解可寫成：

$$\Phi_z(x,\ y) = \begin{cases} \displaystyle\sum_{k=-\infty}^{\infty} a_k \frac{J_k(\chi_1 r)}{J_k(\chi_1 a)} e^{ik\theta}, & r < a \\ \displaystyle\sum_{k=-\infty}^{\infty} \left(b_k \frac{J_k(\chi_2 r)}{J_k(\chi_2 a)} + c_k \frac{Y_k(\chi_2 r)}{Y_k(\chi_2 a)} \right) e^{ik\theta}, & r > a \end{cases} \tag{5.35}$$

與

$$\Psi_z(x,\ y) = \begin{cases} \displaystyle\sum_{k=-\infty}^{\infty} d_k \frac{J_k(\chi_1 r)}{J_k(\chi_1 a)} e^{ik\theta}, & r < a \\ \displaystyle\sum_{k=-\infty}^{\infty} \left(e_k \frac{J_k(\chi_2 r)}{J_k(\chi_2 a)} + f_k \frac{Y_k(\chi_2 r)}{Y_k(\chi_2 a)} \right) e^{ik\theta}, & r > a \end{cases} \tag{5.36}$$

其中，$(r,\ \theta)$ 為極坐標系，極點為正六邊形的中心點，J_k 和 Y_k 為 k 階第一類和第二類貝塞爾函數，則

$$\chi_1 = \sqrt{k_0^2 n_1^2 - \eta^2}, \quad \chi_2 = \sqrt{k_0^2 n_2^2 - \eta^2}$$

a_k，b_k，c_k，d_k，e_k 和 f_k 為常系數。這六組常系數中只有兩組是獨立的。

根據連續性條件［式（1.11）］，函數 Φ_z 和 Ψ_z 在界面 $r = a$ 上連續。將連續性條件應用於式（5.35）和式（5.36），得系數之間的關係為

$$\begin{bmatrix} a_k \\ d_k \end{bmatrix} = \begin{bmatrix} b_k \\ e_k \end{bmatrix} + \begin{bmatrix} c_k \\ f_k \end{bmatrix}, \quad k = 0,\ \pm 1,\ \pm 2,\ \cdots \tag{5.37}$$

此外，函數 Φ 和 Ψ 的 θ 分量在界面 $r = a$ 上也連續。函數 Φ 和 Ψ 的 θ 分量可由它們的横向分量表示為

$$\Phi_\theta = -\Phi_x \sin\theta + \Phi_y \cos\theta \tag{5.38a}$$

$$\boldsymbol{\Psi}_\theta = -\boldsymbol{\Psi}_x \sin\theta + \boldsymbol{\Psi}_y \cos\theta \tag{5.38b}$$

其中，$\boldsymbol{\Phi}_x$ 和 $\boldsymbol{\Phi}_y$ 由式（5.22）和式（5.35）得到，$\boldsymbol{\Psi}_x$ 和 $\boldsymbol{\Psi}_y$ 由式（5.23）和式（5.36）得到。利用 $\boldsymbol{\Phi}_\theta$ 和 $\boldsymbol{\Psi}_\theta$ 在 $r = a$ 上的連續性，得到系數之間的另一個關係：

$$\boldsymbol{F}_1 \begin{bmatrix} a_k \\ d_k \end{bmatrix} = \boldsymbol{F}_2 \begin{bmatrix} b_k \\ e_k \end{bmatrix} + \boldsymbol{F}_3 \begin{bmatrix} c_k \\ f_k \end{bmatrix}, \qquad k = 0, \quad \pm 1, \quad \pm 2, \quad \cdots \tag{5.39}$$

其中，$\boldsymbol{F}_1$，$\boldsymbol{F}_2$ 和 $\boldsymbol{F}_3$ 為 2×2 的矩陣。聯立方程式（5.37）和式（5.39），可知系數 a_k，c_k，d_k 和 f_k 可由 b_k 和 e_k 表示：

$$\begin{bmatrix} c_k \\ f_k \end{bmatrix} = C_k \begin{bmatrix} b_k \\ e_k \end{bmatrix}, \qquad \begin{bmatrix} a_k \\ d_k \end{bmatrix} = A_k \begin{bmatrix} b_k \\ e_k \end{bmatrix}, \qquad k = 0, \quad \pm 1, \quad \pm 2, \quad \cdots \tag{5.40}$$

其中，

$$C_k = -(\boldsymbol{F}_3 - \boldsymbol{F}_1)^{-1}(\boldsymbol{F}_2 - \boldsymbol{F}_1)$$

$$A_k = \boldsymbol{I} - C_k$$

$\boldsymbol{I}$ 為 2×2 的單位矩陣。將式（5.40）代入式（5.35）和式（5.36），得 $\boldsymbol{\Phi}_z$ 和 $\boldsymbol{\Psi}_z$ 在正六邊形單位區域內的一般解為

$$\boldsymbol{w} = \begin{cases} \displaystyle\sum_{k=-\infty}^{\infty} \frac{J_k(\chi_1 r)}{J_k(\chi_1 a)} A_k \begin{bmatrix} b_k \\ e_k \end{bmatrix} e^{ik\theta}, & r < a \\ \displaystyle\sum_{k=-\infty}^{\infty} \left(\frac{J_k(\chi_2 r)}{J_k(\chi_2 a)} \boldsymbol{I} + c_k \frac{Y_k(\chi_2 r)}{Y_k(\chi_2 a)} C_k \right) \begin{bmatrix} b_k \\ e_k \end{bmatrix} e^{ik\theta}, & r > a \end{cases} \tag{5.41}$$

利用一般解［式（5.41）］，可以將正六邊形單位區域的 DtN 算子

Λ 近似成矩陣。首先，將正六邊形單位區域的邊界離散成 K_1 個點，即

$$(r_1,\ \theta_1),\ (r_2,\ \theta_2),\ \cdots,\ (r_{K_1},\ \theta_{K_1}) \tag{5.42}$$

其次，在一般解［式（5.41）］的展開中保留 K_1 項，並計算 $\boldsymbol{w}$ 在上述 K_1 個離散點上的值，得

$$\boldsymbol{w} = \begin{bmatrix} \boldsymbol{w}(r_1,\ \theta_1) \\ \boldsymbol{w}(r_2,\ \theta_2) \\ \vdots \\ \boldsymbol{w}(r_{K_1},\ \theta_{K_1}) \end{bmatrix} = \boldsymbol{G}\begin{bmatrix} \boldsymbol{b} \\ \boldsymbol{e} \end{bmatrix} \tag{5.43}$$

其中，$\boldsymbol{b}$ 和 $\boldsymbol{e}$ 分別為係數 b_k 和 e_k 的向量，長度為 K_1，$\boldsymbol{G}$ 是一個 $(2K_1)\times(2K_1)$ 的矩陣。根據式（5.41），可以計算出 $\boldsymbol{w}$ 在正六邊形單位區域邊界上的法向導數，並計算法向導數在式（5.42）中的離散點上的值，得

$$\partial_\nu \boldsymbol{w} = \begin{bmatrix} \partial_\nu \boldsymbol{w}(r_1,\ \theta_1) \\ \partial_\nu \boldsymbol{w}(r_2,\ \theta_2) \\ \vdots \\ \partial_\nu \boldsymbol{w}(r_{K_1},\ \theta_{K_1}) \end{bmatrix} = \boldsymbol{F}\begin{bmatrix} \boldsymbol{b} \\ \boldsymbol{e} \end{bmatrix} \tag{5.44}$$

其中，$\boldsymbol{F}$ 為 $(2K_1)\times(2K_1)$ 的矩陣。聯立式（5.43）和式（5.44），消去係數向量 $\boldsymbol{b}$ 和 $\boldsymbol{e}$，可得正六邊形單位區域的 DtN 算子 Λ 的近似矩陣：

$$\partial_\nu \boldsymbol{w} = \Lambda \boldsymbol{w}\ ,\ \Lambda = \boldsymbol{F}\boldsymbol{G}^{-1} \tag{5.45}$$

由於一般解［式（5.41）］是 $\boldsymbol{\eta}^2$ 的非線性函數，所以 Λ 也是 $\boldsymbol{\eta}^2$ 的非線性函數。

離散后，求解非線性方程（5.34），得到$\boldsymbol{\eta}^2$（或$\boldsymbol{\eta}$）的值和$\boldsymbol{w}$在正六邊形單位區域邊界上的值，進而從式（5.43）解得系數$\boldsymbol{b}$和$\boldsymbol{e}$，最后得到$\boldsymbol{\Phi}_z$和$\boldsymbol{\Psi}_z$的值。

5.4 最小二乘法

利用本章第三節中的 DtN 算法，可以計算出光柵層中具有式（5.18）形式的特徵模式，其傳播常數為$\boldsymbol{\eta}_j$（$j=1, 2, \cdots$），對應的特徵函數為

$$\{\boldsymbol{\Phi}_j^-(x, y), \boldsymbol{\Psi}_j^-(x, y)\}, \quad \{\boldsymbol{\Phi}_j^+(x, y), \boldsymbol{\Psi}_j^+(x, y)\}$$

其中，「－」和「＋」分別表示沿著z軸負向和正向傳播。電磁場在光柵層中的解可以展開為這些特徵模式的線性組合，即

$$\begin{bmatrix}\boldsymbol{E}\\ \boldsymbol{H}\end{bmatrix} = \sum_{j=1}^{\infty}\left(g_j e^{i\eta_j z}\begin{bmatrix}\boldsymbol{\Phi}_j^+\\ \boldsymbol{\Psi}_j^+\end{bmatrix} + s_j e^{-i\eta_j(z-d)}\begin{bmatrix}\boldsymbol{\Phi}_j^-\\ \boldsymbol{\Psi}_j^-\end{bmatrix}\right) \tag{5.46}$$

其中，g_j和s_j為未知常系數。如本章第二節所示，電磁場在覆蓋層可以展開為式（5.7）、式（5.10）和式（5.16），在基底層可展開為式（5.12）、式（5.13）。將電磁場在光柵層、覆蓋層和基底層的通解在界面$z=d$和$z=0$進行連接，就可得到交叉光柵散射問題在入射波［式（5.4）］下的解。

假設正六邊形單位區域邊界的每條邊被離散成p個點，總的離散點數為$N=3p^2+3p+1$。圖 5.3 表示當$p=3$時，正六邊形單位區域的離散

示意圖。

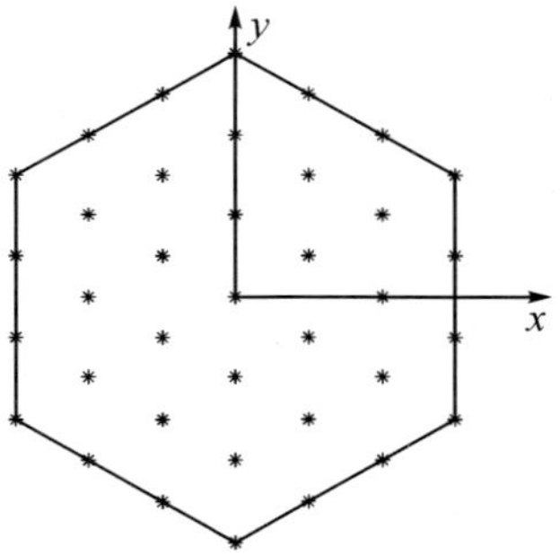

圖 5.3 正六邊形單位區域的離散示意圖（$p = 3$）。

在展開式（5.7）、式（5.10）、式（5.12）和式（5.13）中，對指標 m 和 k 分別保留 K 項（假設 K 為奇數），在展開式式（5.46）中保留 J 項。在界面 $z = 0$ 上，分別計算光柵層和基底層中電磁場的展開式［式（5.46）］和式（5.12）在正六邊形單位區域離散點上的值。然后，利用電磁場 x 和 y 分量的連續性，將它們在界面 $z = 0$ 上進行連接，得

$$\boldsymbol{T}\begin{bmatrix}\boldsymbol{T}_x\\\boldsymbol{T}_y\end{bmatrix} = \boldsymbol{G}_1\begin{bmatrix}\boldsymbol{g}\\\boldsymbol{s}\end{bmatrix} \tag{5.47}$$

其中，$\boldsymbol{T}$ 是一個 $(4N) \times (2K^2)$ 的矩陣，$\boldsymbol{G}_1$ 是一個 $(4N) \times (2J)$ 的矩陣，$\boldsymbol{T}_x$ 和 $\boldsymbol{T}_y$ 分別為 T_{xmk} 和 T_{ymk} 所構成的長度為 $2K^2$ 的向量，即

$$\boldsymbol{T}_x=\begin{bmatrix} T_{x,\ -(K-1)/2,\ -(K-1)/2} \\ T_{x,\ -(K-1)/2,\ -(K-1)/2+1} \\ \vdots \\ T_{x,\ -(K-1)/2,\ (K-1)/2} \\ \vdots \\ T_{x,\ (K-1)/2,\ (K-1)/2} \end{bmatrix},\quad \boldsymbol{T}_y=\begin{bmatrix} T_{y,\ -(K-1)/2,\ -(K-1)/2} \\ T_{y,\ -(K-1)/2,\ -(K-1)/2+1} \\ \vdots \\ T_{y,\ -(K-1)/2,\ (K-1)/2} \\ \vdots \\ T_{y,\ (K-1)/2,\ (K-1)/2} \end{bmatrix} \tag{5.48}$$

$\boldsymbol{g}$ 和 $\boldsymbol{s}$ 分別為 g_j 和 s_j 所構成的長度為 J 的向量，即

$$\boldsymbol{g}=\begin{bmatrix} g_1 \\ g_2 \\ \vdots \\ g_J \end{bmatrix},\quad \boldsymbol{s}=\begin{bmatrix} s_1 \\ s_2 \\ \vdots \\ s_J \end{bmatrix} \tag{5.49}$$

同理，利用電磁場 x 和 y 分量在界面 $z=d$ 的連續性連接光柵層和基底層、覆蓋層的通解，即把式（5.46）和式（5.7）、式（5.16）連接，得

$$\boldsymbol{R}\begin{bmatrix} \boldsymbol{R}_x \\ \boldsymbol{R}_y \end{bmatrix}+f_{inc}=\boldsymbol{G}_2\begin{bmatrix} \boldsymbol{g} \\ \boldsymbol{s} \end{bmatrix} \tag{5.50}$$

其中，$\boldsymbol{R}$ 是一個 $(4N)\times(2K^2)$ 的矩陣，$\boldsymbol{G}_2$ 是一個 $(4N)\times(2J)$ 的矩陣，$\boldsymbol{R}_x$ 和 $\boldsymbol{R}_y$ 的定義與 $\boldsymbol{T}_x$ 類似，$\boldsymbol{f}_{inc}$ 是一個長度為 $4N$ 的向量並且只與入射波 $\boldsymbol{E}^{(i)}$ 有關。聯立式（5.47）和式（5.50）得

$$\boldsymbol{Du}=\boldsymbol{f}_{inc} \tag{5.51}$$

其中,

$$\boldsymbol{D}=\begin{bmatrix}\boldsymbol{T} & \boldsymbol{G}_1\\ \boldsymbol{R} & \boldsymbol{G}_2\end{bmatrix},\qquad \boldsymbol{u}=\begin{bmatrix}\boldsymbol{T}_x\\ \boldsymbol{T}_y\\ \boldsymbol{R}_x\\ \boldsymbol{R}_y\\ \boldsymbol{g}\\ \boldsymbol{s}\end{bmatrix},\qquad \boldsymbol{f}_{inc}=\begin{bmatrix}0\\ \boldsymbol{f}_{inc}\end{bmatrix} \tag{5.52}$$

矩陣 $\boldsymbol{D}$ 的大小為 $(8N)\times(4K^2+2J)$，向量 $\boldsymbol{u}$ 和 $\boldsymbol{f}_{inc}$ 的長度分別為 $4K^2+2J$ 和 $8N$。

求解線性方程組（5.51），可以得到系數 $\boldsymbol{T}_x$，$\boldsymbol{T}_y$，$\boldsymbol{R}_x$ 和 $\boldsymbol{R}_y$，進而求出反射波和透射波。如果矩陣 $\boldsymbol{D}$ 為方陣，即 $4N=2K^2+J$，則線性方程組（5.51）可用一般的線性方程組求解法求解。但是，一般情況下，離散點的數量要大於平面波和光栅層特徵模式的數量，即 $4N>2K^2+J$。這時矩陣 $\boldsymbol{D}$ 的行數大於列數，即方程的數量大於未知量的數量，方程組（5.51）一般沒有解。作為替代，求線性方程組（5.51）的最小二乘解，即求解下列優化問題：

$$\min_{\boldsymbol{u}}\|\boldsymbol{D}\boldsymbol{u}-\boldsymbol{f}_{inc}\| \tag{5.53}$$

其中 $\|\cdot\|$ 表示 l_2 範數。

每個衍射級的衍射效率定義為此衍射級所攜帶的能量與入射波能量的比值。利用式（5.7），可計算出反射波的第（m，k）個衍射級的衍射效率為

$$\tau_{mk}^{(r)} = \text{Re}\left\{\frac{\gamma_{mk}}{\gamma_{00}}\right\} \| \boldsymbol{R}_{mk} \|^2 \tag{5.54a}$$

透射波的第（m，k）個衍射級的衍射效率為

$$\tau_{mk}^{(t)} = \text{Re}\left\{\frac{\gamma_{mk}}{\gamma_{00}}\right\} \| \boldsymbol{T}_{mk} \|^2 \tag{5.54b}$$

其中 Re{·} 表示實部。根據 γ_{mk} 的定義，γ_{mk} 不是實數，就是純虛數。如果 γ_{mk} 為純虛數，則相應的散射級並不攜帶能量。

5.5 數值實驗

雖然本章介紹的方法是以三角晶格結構為例，但是該方法也可以用於正方形晶格結構。在第一個例子中，首先考慮一個由正方形晶格圓柱形電介質構成的交叉光柵的散射問題。圓柱形電介質的折射率為 $n_2 = 2$，高為 $d = L$，半徑為 $a = 0.25L$，其中 L 為晶格常數。圓柱形電介質由空氣包圍，其折射率為 $n_1 = 1$。覆蓋層為空氣，基底層是折射率為 2 的電介質。此交叉光柵的散射問題曾經被傅里葉級數模式法研究過[108]。假設入射波為式（5.4），入射波的波長為 $\lambda = 10L$，入射角度為 $\varphi = 0$，方位角為 $\varphi = 0$ 和 $\psi = \pi/2$。對於正方形晶格結構，其計算區域為正四邊形單位區域。在計算中，用 $q = 9$ 個點離散正四邊形單位區域邊界的每條邊，則邊界上總的離散點數為 $K_1 = 36$。式（5.32）中的算子 $\boldsymbol{B}$ 被近似成一個 36×36 的矩陣，利用牛頓迭代法可以高效求解非線性方程（5.34），進而得到光柵層特徵模式的傳播常數 η。在表 5.1 中列出了

第一個光柵層傳播模式的傳播常數（即傳播常數最大的傳播模式）在不同離散點 q 的值。從表 5.1 中可知，每條邊用 $q=9$ 個點離散時可得到 4 位小數的精度。在表 5.2 中顯示了用傅里葉級數展開法計算出的傳播常數。表 5.2 中的 M 表示傅里葉展開的截斷級，即用傅里葉展開計算光柵層特徵模式時每個方向上保留 $2M+1$ 項，兩個方向共保留 $(2M+1)^2$ 項。從表 5.2 中可知，傅里葉級數展開法收斂速度非常慢，當 $M=25$ 時（即 2,601 項），只有 2 位小數的精度。

表 5.1　第一個光柵層傳播模式的傳播常數在不同離散點 q 的值

每條邊的離散點數	歸一化傳播常數
$q=3$	$\eta_1/k_0 = 1.123,837,2$
$q=5$	$\eta_1/k_0 = 1.127,703,6$
$q=7$	$\eta_1/k_0 = 1.127,183,0$
$q=9$	$\eta_1/k_0 = 1.127,271,4$
$q=11$	$\eta_1/k_0 = 1.127,256,1$
$q=13$	$\eta_1/k_0 = 1.127,258,9$
$q=15$	$\eta_1/k_0 = 1.127,258,4$

表 5.2　傅里葉級數展開法計算的第一個傳播模式的傳播常數

截斷級	歸一化傳播常數
$M=5$	$\eta_1/k_0 = 1.132,90$
$M=10$	$\eta_1/k_0 = 1.130,15$
$M=15$	$\eta_1/k_0 = 1.129,06$
$M=20$	$\eta_1/k_0 = 1.128,59$
$M=21$	$\eta_1/k_0 = 1.128,50$

表5. 2(續)

截斷級	歸一化傳播常數
$M = 22$	$\eta_1/k_0 = 1.128,49$
$M = 23$	$\eta_1/k_0 = 1.128,38$
$M = 24$	$\eta_1/k_0 = 1.128,35$
$M = 25$	$\eta_1/k_0 = 1.128,28$

光柵層中的第一個傳播特徵模式（傳播常數為 $\eta_1/k_0 = 1.272,714$）的波場分佈如圖 5.4（見 147 頁）（沿 z 正方向傳播）和圖 5.5（見 148 頁）（沿 z 負方向傳播）所示。波數相同、傳播方向不同的特徵模式具有不同的分佈，因而在展開式（5.46）中需要用到沿不同方向傳播的特徵模式。對於本例中的交叉光柵，其光柵層中的特徵模式有雙重退化的情況，即傳播常數 $\eta_1/k_0 = 1.272,714$ 對應兩個線性無關的特徵模式（沿相同方向）。在圖 5.6（見 149 頁）中，我們畫出了對應於傳播常數 $\eta_1/k_0 = 1.272,714$ 的另一個沿 z 軸正方向傳播的特徵模式。注意到，圖 5.6 中的波場分佈可由圖 5.4 中的波場繞正方形中心點旋轉 90 度得到。同理，還有另一個沿 z 軸負方向傳播的特徵模式。

數值計算交叉光柵的散射問題時，取 $J = 30$，即在展開式（5.46）中保留 30 個特徵模式。在展開式（5.7）、式（5.10）、式（5.12）和式（5.13）的每個方向保留 $K = 9$ 項。離散正四邊形單位區域時，每個方向用 20 個點離散，總共離散成 400 個點。因而，式（5.51）和式（5.53）中的矩陣 $\boldsymbol{D}$ 的大小為 $3,200 \times 384$，未知量的個數遠遠小於方程的數量。求解最小二乘問題［式（5.43）］，可以得到反射波和透射波的系數，進而求解反射波的衍射效率和透射波的衍射效率。其中第(0，0）衍射級的反射波衍射效率為$\tau_{00}^{(r)}=0.079,5$，透射波的衍射效率為$\tau_{00}^{(t)}=0.911,9$。Lalanne P（1997）用傅里葉級數展開法計算出的透射波衍射效率為0.92。

在第二個算例中，我們考慮如圖5.1所示的通過在平板上構造圓柱洞三角晶格所形成的交叉光柵。光柵層的厚度為$d=0.5L$，平板的折射率為$n_2=3.4$，圓柱洞的半徑為$a=0.25L$，其中L為晶格常數。覆蓋層和基底層都是空氣，折射率為$n_1=1$。假設入射波為式（5.4），入射角度為$\varphi=0$，方位角為$\varphi=0$和$\psi=\pi/2$。入射波的頻率為$\omega L/(2\pi c)=0.28$。數值計算時，正六邊形單位區域邊界的每條邊被離散成q個點。在表5.3中，對不同q我們計算了光柵層第一個傳播特徵模式的傳播常數。從表5.3中可以看到DtN算子法求解特徵模式的精度非常高。傅里葉級數展開法計算出的第一個傳播特徵模式的傳播常數如表5.4所示。可以看出，此方法收斂較慢。在此交叉光柵中，光柵層的特徵模式也有雙重退化的情況。對應於傳播常數$\eta_1/k_0=3.006,453,27$且沿z軸正方向傳播的特徵模式波場如圖5.7（見150頁）所示。具有相同傳播常數且沿z軸正向傳播的另一個特徵模式可由圖5.7中的波場繞六邊形中心點旋轉90度得到。

表5.3　第一個光柵層傳播模式的傳播常數在不同離散點q的值

每條邊的離散點數	歸一化傳播常數
$q=3$	$\eta_1/k_0=3.006,877,756,866$
$q=5$	$\eta_1/k_0=3.006,443,998,974$

表5. 3(續)

每條邊的離散點數	歸一化傳播常數
$q = 7$	$\eta_1/k_0 = 3.006,453,516,371$
$q = 9$	$\eta_1/k_0 = 3.006,453,271,437$
$q = 11$	$\eta_1/k_0 = 3.006,453,278,175$
$q = 13$	$\eta_1/k_0 = 3.006,453,277,984$
$q = 15$	$\eta_1/k_0 = 3.006,453,277,990$

表 5.4　傅里葉級數展開法計算的第一個傳播模式的傳播常數

截斷級	歸一化傳播常數
$M = 5$	$\eta_1/k_0 = 3.122,3$
$M = 10$	$\eta_1/k_0 = 3.097,1$
$M = 15$	$\eta_1/k_0 = 3.090,8$
$M = 20$	$\eta_1/k_0 = 3.081,1$
$M = 21$	$\eta_1/k_0 = 3.074,4$
$M = 22$	$\eta_1/k_0 = 3.082,0$
$M = 23$	$\eta_1/k_0 = 3.073,6$
$M = 24$	$\eta_1/k_0 = 3.077,7$
$M = 25$	$\eta_1/k_0 = 3.076,0$

為求解光柵的散射問題，在展開式（5.7）、式（5.10）、式（5.12）和式（5.13）的每個方向保留 $K = 9$ 項，用 $N = 1,387$ 個點離散正六邊形單位區域（即 $p = 21$）。在光柵層的電磁場展開式（5.46）中，保留 $J = 37$ 個特徵模式。因而，式（5.51）和式（5.53）中的矩陣 $\boldsymbol{D}$ 的大小為 $11,096 \times 394$。數值計算出的第 (0，0) 衍射級的反射波衍射效率為 $\tau_{00}^{(r)} = 0.262,9$，透射波的衍射效率為 $\tau_{00}^{(t)} = 0.635,0$。

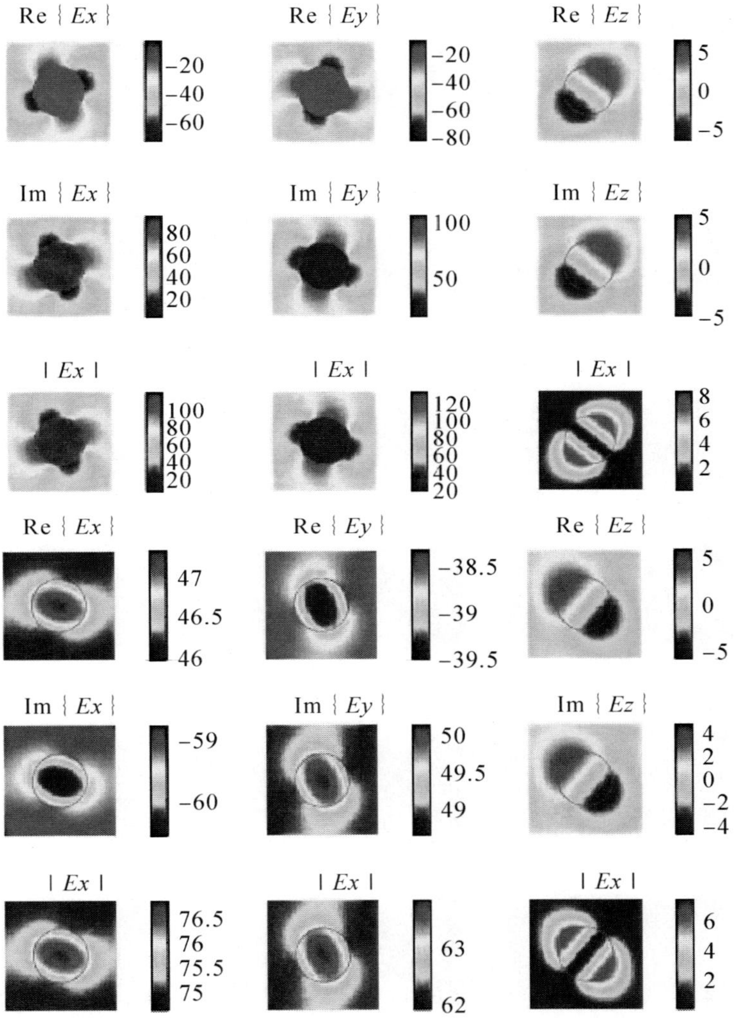

圖 5.4　波數為 η_1/k_0 = 1.272,714 且沿 z 軸正向傳播的特徵模式波場

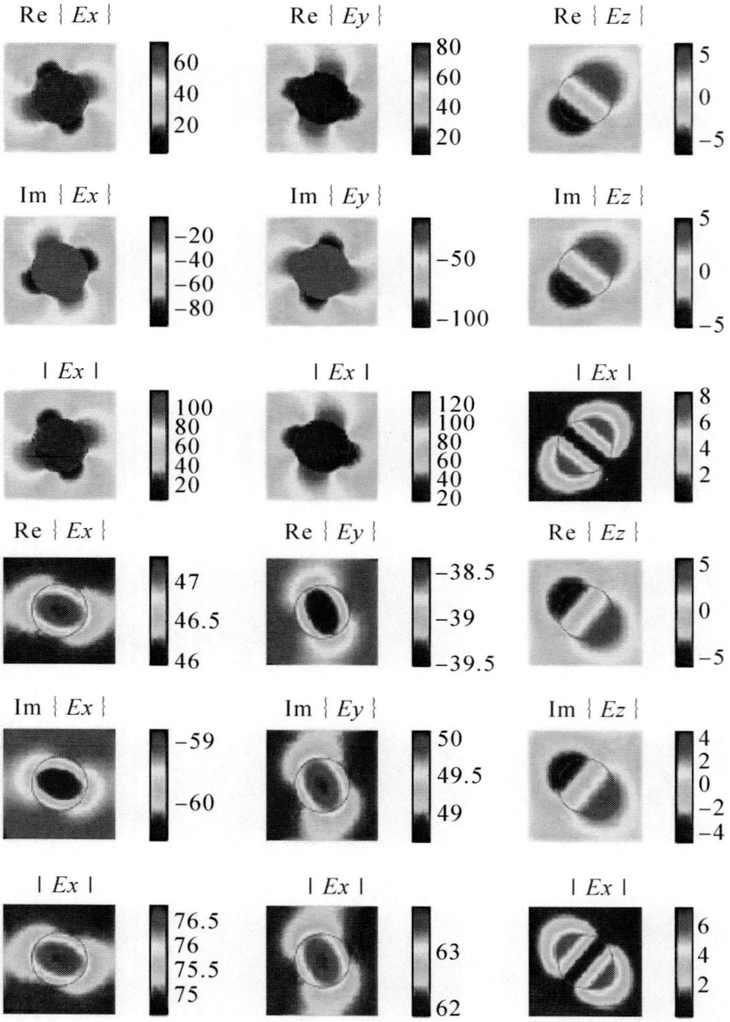

圖 5.5　波數為 η_1/k_0 = 1.272,714 且沿 z 軸負向傳播的特徵模式波場

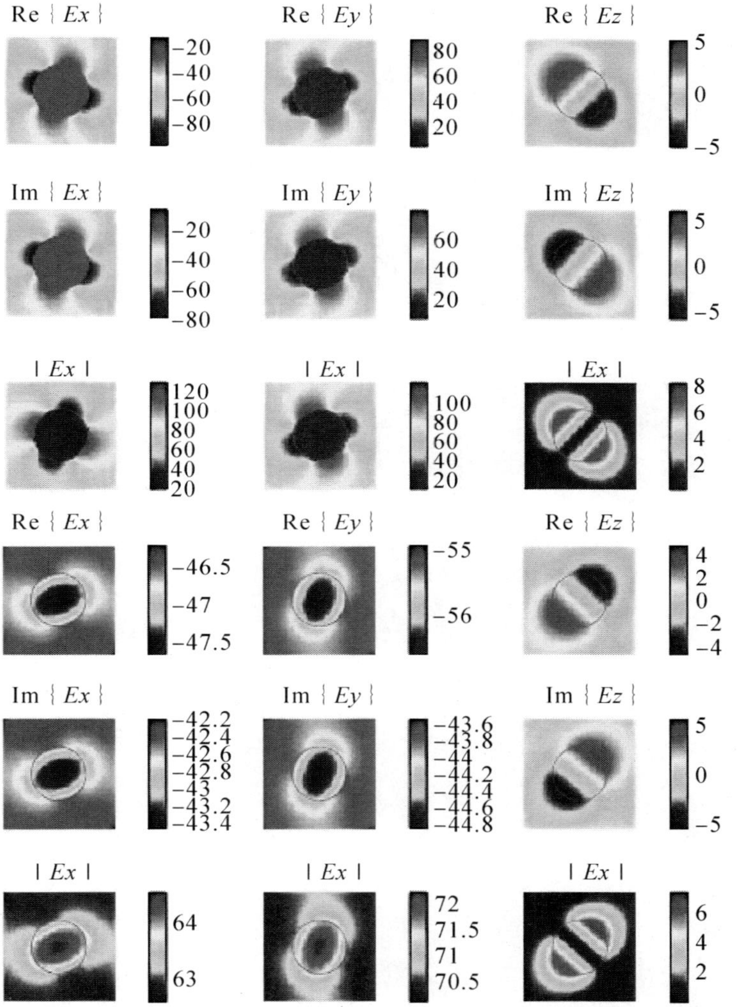

圖 5.6　波數為 $\eta_1/k_0 = 1.272,714$ 且沿 z 軸正向傳播的另一個特徵模式波場

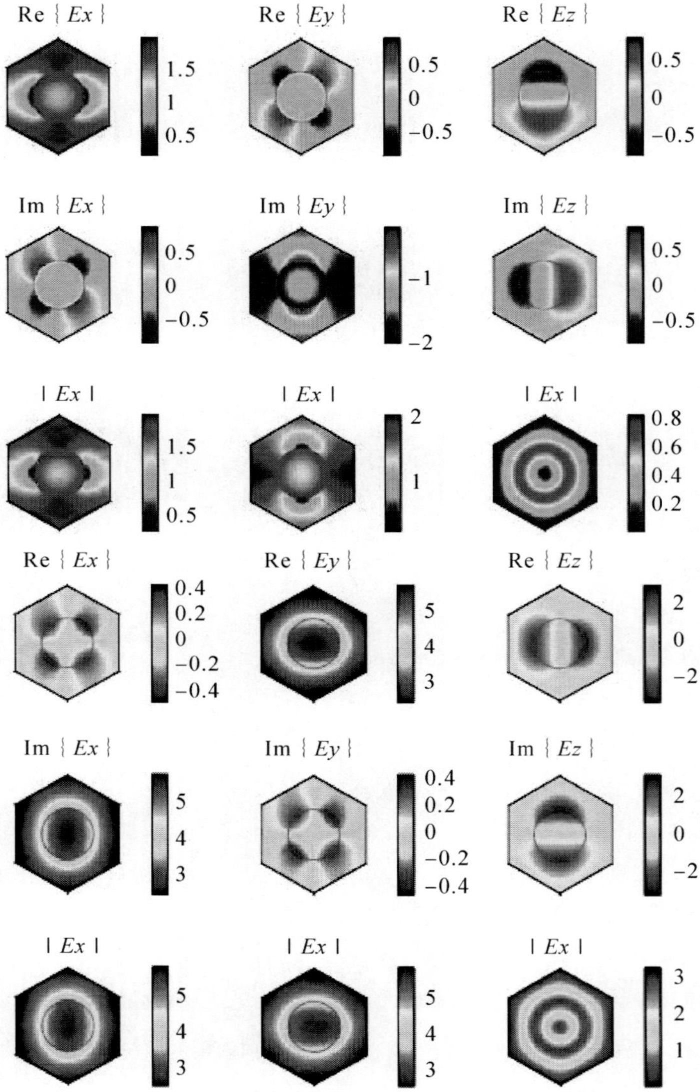

圖 5.7 波數為 η_1/k_0 = 3.006,453,27 且沿 z 軸正向傳播的特徵模式波場

5.6　本章小結

模式展開法非常適合於求解像交叉光柵一樣的分層結構。其中最主要和計算量最大的一步就是計算光柵層中的特徵模式。一般都是用傅里葉級數展開來計算特徵模式，但是傅里葉級數展開法的收斂速度太慢。本章提出了計算光柵層中的特徵模式的 DtN 算子法。基於單位區域的 DtN 算子，我們將特徵模式所滿足的特徵值問題轉化為了一個非線性方程，然后用迭代法求解。由於此方法只需要離散單位區域的邊界，所以計算量小。此外，由於電磁場在單位區域內的通解可以解析寫出來，所以精度非常高。基於上述優點，電磁場在光柵層中只需要展開為比較少量的特徵模式的線性組合。電磁場在覆蓋層和基底層可以展開為平面波的線性組合。然后，在界面利用電磁場的連續性條件將不同層的通解進行連接，從而得到整個散射問題的解。然而，由於特徵模式的數量與單位區域上的離散點數不匹配（通常離散點數量大於特徵模式和平面波的數量），只能求解最小二乘解。

參考文獻

[1] CHOW W C. Waves and Fields in Inhomogeneous Media [M]. New York: Van Nostrand Reinhold, 1990.

[2] KRAUS J D. Electromagnetics [M]. 3rd ed. New York: McGraw-Hill, 1984.

[3] 楊儒貴. 電磁場與波 [M]. 西安: 西安交通大學出版社, 1989.

[4] CRONIN N J. Microwave and Optical Waveguides [M]. Florida: CRC Press, 1995.

[5] BOUDRIOUA A. Photonic Waveguides: Theory and Applications [M]. Hoboken: John Wiley & Sons Inc, 2009.

[6] BERENGER J. A Perfectly Matched Layer for the Absorption of Electromagnetic Waves [J]. Journal of Computational Physics, 1994, 114 (2): 185-200.

[7] CHOW W C, WEEDON W H. A 3-D Perfectly Matched Medium form Modified Maxwell's Equations with Stretching Coordinates [J]. Microwave and Optical Technology Letters, 1994, 7 (13): 599-604.

[8] TAFLOVE A, HAGNESS S C. Computational Electrodynamics: The Finite-Difference Time-Domain Method [M]. 3rd ed. Lodon: Artech House, 2005.

[9] LU Y Y. Minimizing the Discrete Reflectivity of Perfectly Matched Layers [J]. IEEE Photonics Technology Letters, 2006, 18 (3): 487-489.

[10] GIVOLI D. Numerical Methods for Problems in Infinite Domains [M]. Amsterdam: Elsevier, 1992.

[11] GIVOLI D, NETA B. High-Order Non-Reflecting Boundary Scheme for Time-Dependent Waves [J]. Journal of Computational Physics, 2004, 186 (1): 24-26.

[12] VASSALLO C. 1993—1995 Optical Mode Solver [J]. Optical and Quantum Electronics, 1997, 29 (2): 95-114.

[13] YEVICK D. Some Recent Advances in Field Propagation Techniques [C] //Proc. SPIE 2693, Physical and Simulation of Optoelectronic Devices IV, 1996: 502-511.

[14] RAHMAN B M A, LIU Y, GRATTAN K T V. Finite-Element Modeling of One- and Two-Dimensional MQW Semiconductor Optical Waveguides [J]. IEEE Photonics Technology Letters, 1996, 8: 928-931.

[15] CTYROKY J. Improved Bidirectional Mode Expansion Propagation Algorithm Based on Fourier Series [J]. Journal of Lightwave Technology, 2007, 25 (9): 2321-2330.

[16] CHIOU Y, CHIANG Y, CHANG H. Improved Three-Point For-

mulas Considering the Interfaces Conditions in the Finite-Difference Analysis of Step-Index Optical Devices [J]. Journal of Lightwave Technology, 2000, 18 (2): 243-251.

[17] JOANNOPOULOS J D, JOHNSON S G, WINN J N, MEADE R D. Photonic Crystals: Modeling the Flow of Light [M]. 2nd ed. Princeton: Princeton University Press, 2008.

[18] RAYLEIGH J W S. On the Remarkable Phenomenon of Crystalline Reflexion Described by Professor Stokes [J]. Philosophical Magazine, 1888, 26 (160): 256-265.

[19] YABLONOVITH E. Inhibited Spontaneous Emission in Solid State Physics and Electronics [J]. Physical Review Letters, 1987, 58 (20): 2059-2062.

[20] JOHN S. Strong Localization of Photons in Certain Disordered Dielectric Superlattices [J]. Physical Review Letters, 1987, 58 (23): 2486-2489.

[21] FAN S, VILLENEUVE P R, MEADE R D, JOANNOPOULOS J D. Design of Three-Dimensional Photonic Crystals at Submicron Lengthscales [J]. Applied Physical Letters, 1994, 65 (11): 1466.

[22] JOHNSON S G, FAN S, VILLENEUVE P R, JOANNOPOULOS J D. Guided Modes in Photonic Crystal Slabs [J]. Physical Review B, 1999, 60 (8): 5751-5758.

[23] JOHNSON S G, VILLENEUVE P R, FAN S, JOANNOPOULOS

J D. Linear Waveguides in Photonic-Crystal Slabs [J]. Physcial Review B, 2000, 62 (12): 8212-8222.

[24] SUGIMOTO Y, IKEDA N, CARLSSON N, ASAKAWA K, KAWAI N, INOUE K. Fabrication and Characterization of Different Types of Two-dimensional AIGaAs Photonic Crystal Slabs [J]. Journal of Applied Physics, 2002, 91 (3): 922-929.

[25] JIN J M. The Finite Element Method in Electromagnetics [M], 3rd ed. Hoboken: John Wiley & Sons, 2014.

[26] LI Y J, JIN J M. Fast Full-wave Analysis of Large-scale Three-dimensional Photonic Crystal Devices [J]. Journal of the Optical Society of America B, 2007, 24: 2406-2415.

[27] CHEN J Q, CHEN Z M, CUI T, ZHANG L B. An Adaptive Finite Element Method for the Eddy Current Model with Circuit/Field Coupling [J]. SIAM Journal Scientific Computing, 2010, 32: 1020-1042.

[28] SAAD Y. Iterative Methods for Sparse Linear Systems [M], 2nd ed. SIAM, 2003.

[29] 韓厚德，巫孝南. 人工邊界方法 [M]. 北京：清華大學出版社，2012.

[30] OCHIAI T, SAKODA K. Dispersion Relation and Optical Transmittance of a Hexagonal Photonic Crystal Slab [J]. Physical Review B, 2001, 63: 125-107.

[31] ZHAO S, WEI G W. High-Order FDTD Methods via Derivative

Matching for Maxwell's Equations with Material Interfaces [J]. Journal of Computational Physics, 2004, 200 (1): 60-103.

[32] LEE J F, LEE R, CANGELLARIS A. Time-Domain Finite-Element Methods [J]. IEEE Transactions on Antennas and Propagation, 1997, 45 (3): 430-442.

[33] QIU M. Effective Index Method for Heterostructure - Slab - Waveguide Based Two-dimensional Photonic Crystals [J]. Applied Physics Letters, 2002, 81 (7): 1163-1165.

[34] BENISTY H, LALANNE P, OLIVIER A, RATTIER M, WEISBUCH C, SMITH C J M, Krauss T F, Jouanin C, Cassagne D. Finite-depth and Intrinsic Losses in Vertically Etched Two-dimensional Photonic Crystals [J]. Optical and Quantum Electronics, 2002, 34: 205-215.

[35] CIMINELLI C, PELUSO F, ARMENISE M N. Modeling and Design of Two-Dimensional Guided-Wave Photonic Band-Gap Devices [J]. Journal of Lightwave Technology, 2005, 23 (2): 886-901.

[36] KUCHINSKY S, ALLAN D C, BORRELLI N F, COTTEVERTE J C. 3D Localization in a Channel Waveguide in a Photonic Crystal with 2D Periodicity [J]. Optics Communications, 2000, 175: 147-152.

[37] SHI S, CHEN C, PRATHER W. Plane-wave Expansion Method for Calculating Band Structure of Photonic Crystal Slabs with Perfectly Matched Layers [J]. Journal of the Optical Society of America A, 2004, 21 (9): 1769-1775.

[38] LALANNE P, BENESTY H. Out-of-Plane Losses of Two-Dimensional Photonic Crystal Waveguides: Electromagnetic Analysis [J]. Journal of Applied Physics, 2001, 89 (2): 1212-1214.

[39] LALANNE P. Electromagnetic Analysis of Photonic Crystal Waveguides Operating Above the Light Core [J]. IEEE Journal of Quantum Electronics, 2002, 38 (7): 800-804.

[40] BOSCOLO S, MIDRIO M. Three-Dimensional Multiple-Scattering Technique for the Analysis of Photonic-Crystal Slabs [J]. Journal of Lightwave Technology, 2004, 22 (12): 2778-2786.

[41] Felbacq D, Tayeb G, Maystre D. Scattering by a Random Set of Parallel Cylinders [J]. Journal of the Optical Society of America A, 1994, 11 (9): 2526-2538.

[42] PISSOORT D, MICHIELSSEN E, GINSTE D V, OLYSLAGER F. Fast-multipole Analysis of Electromagnetic Scattering by Photonic Crystal Slabs [J]. Journal Lightwave Technology, 2007, 25: 2847-2863.

[43] YUAN J, LU Y Y. Photonic Bandgap Calculations Using Dirichlet-to-Neumann Maps [J]. Journal of the Optical Society of America A, 2006, 23: 3217-3222.

[44] YUAN J, LU Y Y. Computing Photonic Band Structures by Dirichlet-to-Neumann Maps: The Triangular Lattice [J]. Optics Communications, 2007, 273: 114-120.

[45] HUANG Y, LU Y Y. Scattering form Periodic Arrays of Cylinders

by Dirichlet－to－Neumann Maps [J]. Journal of Lightwave Technology, 2006, 24: 3448-3453.

[46] HUANG Y, LU Y Y. Modeling Photonic Crystals with Complex Unit Cells by Dirichlet－to－Neumann Maps [J]. Journal of Computational Mathematics, 2007, 25: 337-349.

[47] WU Y, LU Y Y. Dirichlet-to-Neumann Map Method for Analyzing Interpenetrating Cylinder Arrays in A Triangular Lattice [J]. Journal of the Optical Society of America B, 2008, 25: 1466-1473.

[48] HU Z, LU Y Y. Efficient Analysis of Photonic Crystal Devices by Dirichlet－to－Neumann Maps [J]. Optics Express, 2008, 16: 17383－17399.

[49] VASSALLO C. Optical Waveguide Concepts [M]. Amsterdam: Elsevier, 1991.

[50] LI L. Formulation and Comparison of Two Recursive Matrix Algorithms for Modeling Layered Diffraction Gratings [J]. Journal of the Optical Society of America A, 1996, 13: 1024-1035.

[51] LU Y Y, MCLAUGHLIN J R. The Riccati Method for the Helmholtz Equation [J]. Journal of the Acoustical Society of America, 1996, 100: 1432-1446.

[52] YUAN L, LU Y Y. Dirichlet-to-Neumann Map Method for Analyzing Hole Arrays in a Slab [J]. Journal of the Optical Society of America B, 2010, 27 (12): 2568-2579.

[53] TREFETHEN L N. Spectral Methods in MATLAB [M]. SIAM, 2000.

[54] SONG D W, LU Y Y. Pseudospectral Modal Method for Computing Optical Waveguide Modes [J]. Journal of Lightwave Technology, 2014, 32 (8): 1624-1630.

[55] YUAN L, LU Y Y. Mode Reduction for Efficient Modeling of Photonic Crystal Slab Structures [J]. Journal of Lightwave Technology, 2014, 32 (13): 2340-2344.

[56] BABA T, FUKAYA N, YONEKURA Y. Observation of Light Propagation in Photonic Crystal Optical Waveguides with Bends [J]. Electronics Letters, 1999, 35: 654-655.

[57] CHUTINAN A, NODA S. Waveguides and Waveguide Bends in Two-dimensional Photonic Crystal Slabs [J]. Physical Review B, 2000, 62: 4488-4492.

[58] LIN S Y, CHOW E, JOHNSON S G, JOANNOPOULOS J D. Demonstration of Highly Efficient Waveguiding in A Photonic Crystal Slab at the 1.5μm Wavelength [J]. Optics Letters, 2000, 25 (17): 1297-1299.

[59] NOTOMI M, YAMADA K, SHINYA A, TAKAHASHI J, TAKAHASHI C, YOKOHAMA I. Extremely Large Group-Velocity Dispersion of Line-Defect Waveguides in Photonic Crystal Slabs [J]. Physical Review Letters, 2001, 87 (25): 1-4.

[60] LONCAR M, NEDELJKOVIC D, DOLL T, VUCKOVIC J,

SCHERER A, PEARSALL T P. Waveguiding in Planar Photonic crystals [J]. Applied Physical Letters, 2000, 77 (13): 1937-1939.

[61] LONCAR M, NEDELJKOVIC D, PEARSALL T P, VUCKOVIC J, SCHERER A, KUCHINSKY S, ALLAN D C. Experimental and Theoretical Confirmation of Bloch-Mode Light Propagation in Plane Photonic Crystal Waveguides [J]. Applied Physical Letter, 2002, 80 (10): 1689-1691.

[62] SONDERGAARD T, LAVRINENKO A. Large-Bandwidth Planar Photonic Crystal Waveguides [J]. Optics Communications, 2002, 203 (3): 263-270.

[63] CHUTINAN A, OKANO M, NODA A. Wider Bandwith with High Transmission Through Waveguide Bends in Two-Dimensional Photonic Crystal Slabs [J]. Applied Physics Letters, 2002, 8 (10): 1698-1700.

[64] LONCAR M, VUCKOVIC J, SCHERER A. Methods for Controlling Positions of Guided Modes of Photonic-Crystal Waveguides [J]. Journal of the Optical Society of America B, 2001, 18 (9): 1362-1368.

[65] KUANG W, KIM W J, MOCK A, O'BRIEN J. Propagation Loss of Line-Defect Photonic Crystal Slab Waveguides [J]. IEEE Journal of Selected Topics in Quantum Electronics, 2006, 12 (6): 1183-1195.

[66] D'URSO B, PAINTER O, O'BRIEN O, TOMBRELLO T, YARIV A, SCHERER A. Modal Reflectivity in Finite-Depth Two-Dimensional Photonic-Crystal Microcavities [J]. Journal of the Optical Society of America B, 1998, 15: 1155-1159.

[67] PALAMARU M, LALANNE P. Photonic Crystal Waveguides: Out-of-Plane Losses and Adiabatic Modal Conversion [J]. Journal of Applied Physics, 2001, 78 (11): 1466-1469.

[68] YAMADA K, MORITA H, SHINYA A, NOTOMI M. Improved Line-defect Structures for Photonic Crystal Waveguides with High Group Velocity [J]. Optics Communications, 2001, 198: 395-402.

[69] SAUVAN C, LALANNE P, RODIER J, HUGONIN J, TALNEAU A. Accurate Modeling of Line-Defect Photonic Crystal Waveguides [J]. Photonics Technology Letters, 2003, 15 (9): 1243-1245.

[70] LECAMP G, HUGONIN J P, LALANNE P. Theoretical and Computational Concepts for Periodic Optical Waveguides [J]. Optics Express, 2007, 15 (18): 11042-11060.

[71] HADLY G R. Out-of-Plane Losses of Line-Defect Photonic Crystal Waveguides [J]. IEEE Photonics Technology Letters, 2002, 14 (5): 642-644.

[72] CHIOU Y P, CHIANG Y C, LAI C S, DU C H, CHANG H C. Finite-Difference Modeling of Dielectric Waveguides with Corners and Slanted Facets [J]. Journal of Lightwave Technology, 2009, 27 (12): 2077-2086.

[73] EPPERSON J F. An introduction to numerical methods and analysis [M]. New York : John Wiley, 2002.

[74] YUAN L, LU Y Y. An Efficient Numerical Method for Analyzing

Photonic Crystal Slab Waveguides [J]. Journal of the Optical Society of America B, 2011, 28: 2265-2270.

[75] PALMER C. Diffraction Grating Handbook [M], 6th ed. New York : Newport Corporation, 2005.

[76] HESSEL A, SCHMOYS J, TSENG D Y. Bragg-angle Blazing of Diffraction Gratings [J]. Journal of the Optical Society of America, 1975, 65: 380-384.

[77] JULL E V, HEATH J W, EBBESON G R. Gratings That Diffract All Incident Energy [J]. Journal of the Optical Society of America, 1977, 67: 557-560.

[78] CHEO L S, SCHMOYS J, HESSEL A. On Simultaneous Blazing of Triangular Groove Diffraction Gratings [J]. Journal of the Optical Society of America, 1977, 67: 1686-1688.

[79] LOEWEN E G, NEVIERE M, MAYSTRE D. Efficiency Optimization of Rectangular Groove Gratings for Use in the Visible and IR Regions (TE) [J]. Applied Optics, 1979, 18: 2262-2266.

[80] NOPONEN E, TURUNEN J, VASARA A. Parametric Optimization of Multilevel Diffractive Optical Elements by Electromagnetic Theory [J]. Applied Optics, 1992, 32: 5010-5012.

[81] GAYLORD T K, BAIRD W E, MOHARAM M G. Zero-reflectivity High Spatial-frequency Rectangular-groove Dielectric Surface-relief Gratings [J]. Applied Optics, 1986, 25: 4562-4567.

[82] RAGUIN D H, MORRIS G M. Antireflection Structured Surfaces for the Infrared Spectral Region [J]. Applied Optics, 1993, 32: 1154-1167.

[83] RAGUIN D H, MORRIS G M. Analysis of Antireflections Structured Surfaces with Continuous One-Dimensional Surface Profiles [J]. Applied Optics, 1993, 92: 2582-2598.

[84] MAGNUSSON R, WANG S S. New Principle for Optical Filters [J]. Applied Physical Letters, 1992, 61: 1022-1024.

[85] WANG S S, MAGNUSSON R. Theory and Applications of Guided-mode Resonance Filters [J]. Applied Optics, 1993, 32: 2606-2613.

[86] VASARA A, TAGHIZADEH M R, TURUNEN J, WESTERHOLM J, NOPONEN E, ICHIKAWA H, MILLER J M, JAAKKOLA T, KUISMA S. Binary Surface-relief Gratings for Array Illumination in Digital Optics [J]. Applied Optics, 1992, 31: 3220-3236.

[87] NOPONEN E, VASARA A, TURUNEN J, MILLER J M, TAGHIZADEH M R, Synthetic Diffractive Optics in the Resonance Domain [J]. Journal of the Optical Society of America A, 1992, 9: 1206-1213.

[88] NOPONEN E, TURUNEN J, VASARA A. Electromagnetic Theory and Design of Diffractive-lens Arrays [J]. Journal of the Optical Society of America A, 1993, 10: 434-443.

[89] GUPTA M C, PENG S T. Diffraction Characteristics of Surface-relief Gratings [J]. Applied Optics, 1993, 32: 2911-2917.

[90] TURUNEN J, BLAIR P, MILLER J M, TAGHIZADEH M R, NOPONEN E. Bragg Holograms with Binary Synthetic Surface-relief Profile [J]. Optics Letters, 1993, 18: 1022-1024.

[91] HAIDNER H, KIPFER P, SHERIDAN J T, SCHWIDER J, STREIBL N, LINDOLF J, COLLISCHON M, LANG A, HUTFLESS J. Polarizing Reflection Grating Beamsplitter for the 10. 6μm Wavelength [J]. Optical Engineering, 1993, 32: 1861-1865.

[92] NOPONEN E, TURUNEN J. Binary High-frequency-carrier Diffractive Optical Elements: Electromagnetic Theory [J]. Journal of the Optical Society of America A, 1994, 11: 1097-1109.

[93] WU Y, LU Y Y. Analyzing Diffraction Gratings by a Boundary Integral Equation Neumann-to-Dirichlet Map Method [J]. Journal of the Optical Society of America A, 2009, 26 (11): 2444-2451.

[94] MAYSTRE D, NEVIERE M. Electromagnetic Theory of Crossed Gratings [J]. Journal of Optics (Paris), 1978, 9 (5): 301-306.

[95] DERRICK G H, MCPHEDRAN R C, MAYSTRE D, NEVIERE M. Crossed Gratings: A Theory and Its Applications [J]. Applied Physics, 1979, 18: 39-52.

[96] VINCENT P. A Finite-Difference Method for Dielectric and Conducting Crossed Gratings [J]. Optics Communications, 1978, 26: 293-296.

[97] MCPHEDRAN R C, MAYSTRE D. On the Theory and Solar Ap-

plication of Inductive Grids [J]. Applied Physics, 1977, 14: 1-20.

[98] NOPONEN E, TURUNEN J. Eigenmode Method for Electromagnetic Synthesis of Diffractive Elements with Three-Dimensional Profiles [J]. Journal of the Optical Society of America A, 1994, 11 (9): 2494-2502.

[99] LI L. New Formulation of the Fourier Modal Method for Crossed Surface-Relief Gratings [J]. Journal of the Optical Society of America A, 1997, 14 (10): 2758-2767.

[100] HAN S T, TSAO Y L, WALSER R M, BECKER M F. Electromagnetic Scattering of Two-dimensional Surface-relief Dielectric Gratings [J]. Applied Optics, 1992, 31: 2343-2352.

[101] BRAUER R, BRYNGDAHL O. Electromagnetic Diffraction Analysis of Two-dimensional Gratings [J]. Optics Communications, 1993, 100: 1-5.

[102] BAI B, LI L. Group-theoretic Approach to Enhancing the Fourier Modal Method for Crossed Gratings with Square Symmetry [J]. Journal of the Optical Society of America A, 2006, 23 (3): 572-580.

[103] MOHARAM M G. Coupled-wave Analysis of Two-dimensional Gratings [C]. //Holographic Optics: Design and Applications, 1988, 883: 8-11.

[104] MOHARAM M G, GRANN E B, POMMET D A, GAYLORD T K. Formulation for Stable and Efficient Implementation of the Rigorous Coupled-wave Analysis of Binary Gratings [J]. Journal of the Optical Society of

America A, 1995, 12: 1068-1076.

[105] PENG S, MOHARAM G M. Efficient Implementation of Rigorous Coupled-wave Analysis for Surface-relief Gratings [J]. Journal of the Optical Society of America A, 1995, 12: 1087-1096.

[106] KO D Y K, SAMBLES J R. Scattering Matrix Method for Propagation of Radiation in Stratified Media: Attenuated Reflection Studies of Liquid Crystals [J]. Journal of the Optical Society of America A, 1998, 5: 1863-1866.

[107] LI L. Use of Fourier Series in the Analysis of Discontinuous Periodic Structures [J]. Journal of the Optical Society of America A, 1996, 13: 1870-1876.

[108] LALANNE P. Improved Formulation of the Coupled-wave Method for Two-dimensional Gratings [J]. Journal of the Optical Society of America A, 1997, 14 (7): 1592-1598.

[109] POPOV E, NEVIUERE M. Maxwell Equations in Fourier Space: Fast-converging Formulation for Diffraction by Arbitrary Shaped, Periodic, Anisotropic Media [J]. Journal of the Optical Society of America A, 2001, 18 (11): 2886-2894.

[110] SCHUSTER T, RUOFF J, KERWIEN N, RAFLER S, OSTEN W. Normal Vector Method for Convergence Improvement Using the RCWA for Crossed Gratings [J]. Journal of the Optical Society of America A, 2007, 24 (9): 2880-2890.

[111] ANTOS R. Fourier Factorization with Complex Polarization Bases in Modeling Optics of Discontinuous Bi-periodic Structures [J]. Optics Express, 2009, 17 (9): 7269-7274.

[112] WEISS T, GRANET G, GIPPIUS N A, TIKHODEEV S G, GIESSEN H. Matched Coordinates and Adaptive Spatial Resolution in Fourier Modal Method [J]. Optics Express, 2009, 17 (10): 8051-8061.

[113] MCPHEDRAN R C, DERRICK G H, NEVIUERE M, MAYSTRE D. Metallic Crossed Gratings [J]. Journal of Optics (Paris), 1982, 13: 209-218.

[114] HARRIS J B, PREIST T W, SAMBLES J R, THORPE R N, WATTS R A. Optical Response of Bigratings [J]. Journal of the Optical Society of America A, 1996, 13: 2041-2049.

[115] GREFFET J J, BAYLARD C, VERSAEVEL P. Diffraction of Electromagnetic Waves By Crossed Gratings: A Series Solution [J]. Optics Letters, 1992, 17: 1740-1742.

[116] BRUNO O P, REITICH F. Numerical Solution of Diffraction Problems: A Method of Variation of Boundaries. III. Doubly Periodic Gratings [J]. Journal of the Optics Society of America A, 1993, 10: 2551-2562.

[117] BRUNO O P, REITICH F. Calculation of Electromagnetic Scattering Via Boundary Variations and Analytic Continuation [J]. Applied and Computational Electromagnetic Society Journal, 1996, 11: 17-31.

[118] HU Z, LU Y Y. Efficient Numerical Method for Analyzing Cou-

pling Structures of Photonic Waveguides [J]. IEEE Photonics Technology Letters, 2009, 21 (23): 1737-1739.

[119] LI S, LU Y Y. Efficient Method for Computing Leaky Modes in Two Dimensional Photonic Crystal Waveguides [J]. Journal of Lightwave Technology, 2010, 28 (6): 978-983.

後記

本書是從我的博士論文翻譯和整理而來，包含了我在香港城市大學讀博期間在三維週期光學結構快速數值模擬方法研究上所做的工作。博士論文的順利完成離不開我的導師陸雅言教授悉心的教導和幫助，在此表示衷心的感謝。陸老師為人十分和藹、學術造詣高深，對我的任何問題都會悉心解答。陸老師不僅是我的授業解惑的恩師，也是人生道路上的導師。陸老師總是教誨我「做學術要嚴謹，做人要正直」。

感謝我在香港城市大學數學系的同學們。與你們在一起的這段時間是我最快樂的一段時間。感謝黃越夏師兄教會了我打羽毛球，感謝葉常華每個周末陪我一起做飯聚餐，感謝師兄們經常組織出遊和聚會活動。

本書能順利完成最需要感謝的是我的妻子謝文豔女士。沒有你的支持與付出，本書不可能完成。能與你相戀、相愛、結為連理是上天對我的眷顧。這一路走來，我們經歷了很多艱辛、困難以及快樂，感謝你的陪伴、堅持、付出和支持。感謝我的兒子，感謝你對爸爸工作的理解以及給我們家庭帶來的無限的歡樂和幸福。

最后要感謝學院領導對我的支持和提高教學水平上的幫助。

國家圖書館出版品預行編目(CIP)資料

週期結構中光波的數值計算 / 袁利軍 著. -- 第一版.
-- 臺北市 : 崧燁文化, 2018.08

面 ; 公分

ISBN 978-957-681-450-1(平裝)

1.光學 2.數值分析

336 107012457

書　名：週期結構中光波的數值計算
作　者：袁利軍 著
發行人：黃振庭
出版者：崧燁文化事業有限公司
發行者：崧燁文化事業有限公司
E-mail：sonbookservice@gmail.com
粉絲頁　　網　址：
地　址：台北市中正區重慶南路一段六十一號八樓815室
8F.-815, No.61, Sec. 1, Chongqing S. Rd., Zhongzheng Dist., Taipei City 100, Taiwan (R.O.C.)
電　話：(02)2370-3310 傳　真：(02) 2370-3210
總經銷：紅螞蟻圖書有限公司
地　址：台北市內湖區舊宗路二段121巷19號
電　話:02-2795-3656　傳真:02-2795-4100　網址：
印　刷　：京峯彩色印刷有限公司（京峰數位）

定價：350 元
發行日期：2018年 8 月第一版
◎ 本書以POD印製發行